探寻海洋的秘密丛书

海洋探险

谢宇　主编

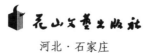

花山文艺出版社

河北·石家庄

图书在版编目（CIP）数据

海洋探险 / 谢宇主编. -- 石家庄：花山文艺出版
社，2013.4（2022.3重印）
　（探寻海洋的秘密丛书）
　ISBN 978-7-5511-1146-1

　Ⅰ．①海… Ⅱ．①谢… Ⅲ．①海洋－探险－青年读物
②海洋－探险－少年读物 Ⅳ．①P7-49

　中国版本图书馆CIP数据核字(2013)第128586号

丛 书 名：探寻海洋的秘密丛书
书　　名：海洋探险
主　　编：谢　宇
责任编辑：尹志秀　甘宇栋
封面设计：慧敏书装
美术编辑：胡彤亮
出版发行：花山文艺出版社（邮政编码：050061）
　　　　　（河北省石家庄市友谊北大街 330号）
销售热线：0311-88643221
传　　真：0311-88643234
印　　刷：北京一鑫印务有限责任公司
经　　销：新华书店
开　　本：880×1230　1/16
印　　张：10
字　　数：160千字
版　　次：2013年7月第1版
　　　　　2022年3月第2次印刷
书　　号：ISBN 978-7-5511-1146-1
定　　价：38.00元

目　录

人类历史上的第一张风帆

英国不列颠博物馆里，收藏着一只出土于埃及纳加达地区的陶罐，这是一只属于公元前3100年的陶罐。罐的形状是典型的埃及古王国时的风格。它引起世人注目的地方是罐的上部绘有一条风帆船，高

高耸起的艄舻柱与同时期的埃及船毫无二致。唯一不同的是在靠近艄柱的地方立有一桅杆，上面挂着一张四方形的帆。这是迄今为止，人类历史上发现的最早的一艘风帆船。这张简陋的单横帆使人类使用风帆的确切年代，足足推移到距今5000年的远古时代。

在埃及发现人类最早使用风帆是不足为奇的。埃及文明与其他东方文明的不同之处，在于它的每一进步都与尼罗河的航海文化的发展息息相关。埃及文明的每一足印里，都有埃及人驾船漂荡于地中海与红海的痕迹。因此，在埃及，从第一块记载埃及远古历史的"巴勒摩石碑"上，我们就读到了埃及人航海、造船的记载。当世界的许多地方的古代文明刚刚露出晨曦的时候，埃及人早已驾着他们独特的帆桨船进出尼罗河，横渡地中海，远航红海南部了。

当然，埃及人发明与使用风帆的年代，也是全人类发明风帆、使用风帆的年代，绝不晚于公元前3100年这

只陶罐所属于的那个年代。凭着众多的陶罐上的彩绘、岩画资料，历史学家们相信，埃及人发明风帆的年代应当在公元前6000年左右。他们认为，最古老的埃及帆船上的帆可能是由棕榈树的叶子编织成的，用来挂帆的桅杆应是一棵棕榈树干。这一假设并非没有道理，因为要发展到前述的帆船形式，远古时期的人类可能需要花一两千年的时间才能完成，何况历史学家还有众多的考古资料来支持他们的推断。

埃及人发明了风帆，但并未在风帆的后来发展上有多大贡献。埃及帆船装着简单的帆，使得长达数千年的古埃及帆船只能顺风而行，而不能侧风或逆风航行。真正懂得使用风帆的是中国人。帆的历史由埃及人写了开篇，中国人写了其后的各章，最后由欧洲人用又粗又笨的大笔写了结尾。

俄罗斯最古老的灯塔

在俄罗斯科特林群岛西端，矗立着一座不但是波罗的海，而且也是苏联最古老的灯塔之一——这就是具有300年历史的托尔布欣灯塔。托尔布欣灯塔正面就是通向涅瓦河畔城市水路——圣彼得堡运河的顶端。

这座灯塔是奉彼得一世的旨意建立的。1718年11月13日，在给A·克吕伊斯海军中将的一封便函中，彼得写道："在科特林沙嘴建造石质灯塔。"为了执行彼得一世的旨意，1718年12月2日，克吕伊斯给列英大

尉下达了开赴科特林群岛的命令。随信附上了彼得一世亲手绘制的灯塔塔楼草图。石质灯塔建筑物不但需要消耗大量的材料，而且还需要众多的熟练安装工，而这些喀琅施塔得港口都没有。为此，征得彼得一世的同意，决定先建造临时的木质灯塔，同时开始筹集石质塔楼的建筑材料。

第一座木质灯塔建于1719年。由于灯塔建造在科特林岛西端的沙嘴上，所以灯塔就自然称为科特林灯塔。1736年，为了纪念喀琅施塔得城防司令、科特林群岛警备司令C·托尔布欣上校，灯塔易名为托尔布欣灯塔。

科特林灯塔塔楼上安装了蜡烛灯，不过从远处基本上看不到蜡烛灯光。1723年，蜡烛灯被大麻油灯所取代，可情况未能明显改善。1731年，科特林灯塔运来了金属炉盖、金属炉排和用来燃柴烧煤的其他设备。不过，这些设备没有立刻进行安装。同时，石质塔楼的建造长期搁置。到了1730年，灯塔的木质结构完全毁坏，但是修理过的木质结构灯塔使用到1737年。那时，灯塔完全重建，且改用燃柴烧煤照明。

1736年4月12日，管理灯塔的俄国海军委员会做出建造新灯塔的决定。海军总设计师伊万·科罗波夫受命担任这项任务。来到科特林沙嘴后，科罗波夫决定了构筑灯塔的首要任务，并建议先建造木质灯塔，同时逐步准备构筑石质灯塔。遵照安娜女皇的旨意，挑选了140名"服苦役的奴隶"做苦力。1737年，木质灯塔建造完工。不久，俄国海军委员会又提出了建造石质灯塔的事宜。1739年，石质灯塔顺利奠基。但是，由于种种原因，直到1810年托尔布欣灯塔仍是木质灯塔。

第一座石质灯塔塔楼的建筑与海军军官列·瓦·斯巴法里耶夫的作用是分不开的。他制定了方案，编造了建造托尔布欣灯塔和芬兰、里加湾其他灯塔的预算，并亲自参加了灯塔的建造。当斯巴法里耶夫绘制出托尔布欣灯塔设计图之后，海军委员会要他征求著名建筑师、彼得堡海军部大楼的设计者A·D·扎哈罗夫的意见。扎哈罗夫完善了设计，且进行了一系列的补充。

1809年，动工兴建托尔布欣灯塔塔楼。1810年9月，砖砌圆塔楼、大理石勒脚、值班房和澡堂完工。在塔楼上部安装了12棱金属灯，该灯利用40盏油灯燃油照明。金属灯拥有24面镀银的反射镜，这大大增加了灯塔的照明距离。

1810年9月22日，新灯塔启用。在灯塔上安装电报机后，决定在值班房上加盖一层楼。1833年，二楼盖成，并顺便建造了连接房子和灯塔塔楼的走廊，这就改善了灯塔的服务条件。

1867年，为托尔布欣灯塔从英国订购了屈光灯塔仪器和金属灯设备。光学仪器装备有波罗的海灯塔经理处专门制造的油灯。1868年6月29日，新灯启用。新灯终于放射出能见度很远的转动光速。

近几十年来，在灯塔上进行了加固灯塔基础和装备现代化设施的大量工作。1957年，灯塔上安装了带有电光源的新光学仪器MH-500。沿着岛的四周用组装钢筋混凝土块建造了严密包围圈。1969年～1970年，建造了金属柱的钢筋混凝土码头。灯塔装备了最新的雷达灯塔应答器。

每当夕阳西斜，傍晚来临，托尔布欣灯塔就四射光芒，第一个迎接来自远方国家的海船，并目送着它们向圣彼得堡远去。

坚持不懈的潜水艇鼻祖

首先揭开在深海中直接探险观察序幕的两位探险家是毕比(W.Beebe，)和巴顿(O.Barton)。他们设计、制成了具有水下观察和作业能力的潜水器，并亲自乘潜水器进行深海观察。

毕比是一位极富探险精神的美国生物学家，一个纯属偶然的机会他去20米深度的水下做生物考察，原先规定穿潜水服，但他嫌笨重不方便，

只是戴了一副自己制作的面镜。也许是以这种方式只能在水下做短暂的观察不太过瘾，也许是水下的奇妙景观使他产生了浓厚的兴趣。于是他萌发出要为自己水下考察建造一个比较舒适的、能较长时间在水下停留的人造环境，也就是说，要制作一个水下潜水器。但这需要一笔不小的资金，他想起了比他年长19岁的好朋友——T·罗斯福，1900年任美国副总统，1904年开始任第26届总统。由于罗斯福在麦金莱任总统期间担任过海军部长助理，与毕比一样，罗斯福对海底世界很有兴趣，尽管那时深海潜水已引起社会上一些学者、科学家的注意和探讨，但还没有哪一个人真正打算去深潜现场考察。所以当毕比向罗斯福总统说起自己的想法时，这两位老朋友谈得十分投机，经费自然是不存在问题了。但对罗斯福来说，关于深海潜水器的形状以及一些设计的主要考虑都有自己的设想，而毕比则根据水下考察经历也有自己固执的看法。可惜，这两人在商讨潜水器外形时，意见大相径庭，相持不下。罗斯福认为球形最合适，而毕比则认为圆桶形最理想。以后的事实证明，他的那位

当总统的好朋友的意见是正确的，真让毕比汗颜。

经费有了保障，但毕比仍坚持自己的观点与思路，于1926年亲自设计并建造了一个圆桶形的潜水器，他提出将要乘坐这艘深海潜水器到一海里(1853米)的深处直接观察。但由于潜水器还存在些问题，终于未付之应用。转眼间到了1928年，那时毕比已50多岁了，尽管深海探险决心未减，但总需要有个伙伴。正巧遇上了一位业余潜水爱好者，他叫巴顿，是一位青年地质学家，还是一位工程师。毕比喜出望外，共同的爱好与兴趣、对探险的奉献精神使他们走到了一起，共同去开创未来的、迷人的事业。巴顿自16岁开始潜水，和毕比一样，潜水用的木匣子面镜也是自制的，所不同的是巴顿的木匣子三面都装有观察窗，并把自来水管安装在木匣子上当作供气管，拿气泵接在气管的管口上供气，在水下观察时请人在岸边不停地给他的供气管打气。说来也巧，这两人都有潜水经验，因此在他俩的合作研究下，很快设计出了圆桶形和球形两种供深海观察的潜水器模型，经反复多次的试验和改进，他们确信

球形比圆桶形更能经受住深海中的压力。毕比这时才认识到他的那位当总统的罗斯福的设计思想是多么正确。于是他们就着手制作，这就是1929年他俩设计的深海潜水球"进步世纪"号，有些学者也把它称之为"毕比——巴顿式潜水球"。

"进步世纪"号潜水器其实与以后到大洋洋底去探险的深潜艇完全不同，它尚不能"独自"行动，它离不开母船。这个潜水器，钢制，球形，直径1.45米，壁厚32毫米，重两吨，壁上开了五个电流通道，舷窗镶嵌着厚76毫米的石英玻璃，潜水器由钢缆与水面的母船联系在一起，宛如婴儿吸吮乳汁的姿势。潜水器内装有氧气罐、二氧化碳吸收装备，以及各种仪表、探照灯等。该潜水器是按可深潜至两千米的要求设计的。

1930年6月，毕比、巴顿以及26名助手组成的深海潜水探险队到达百慕大群岛的海域。试验选择在六月下旬。那天黎明静悄悄，海面上也特别平静，几乎平静得有点神秘。毕比和巴顿进入了"进步世纪"号深潜器。由于潜水器内空间不大，他们只好蜷曲着观察。他们与母船的联系是通过耳机式的电话。潜水器内有供照明的探照灯，供氧的钢瓶，还有微型电扇。舱内还放上些石灰，以便吸收二氧化碳和潮气。一切检查完后，由助手们将重182千克的门盖用螺栓拴上。

下午1时，由母船把深潜器吊出驳船外缓缓下沉，当下潜到12.25米时，毕比特地做了短暂的停留，仔细看看舷窗外的景色。他对这一水深一往情深，因为这是他以前用面罩潜水所创造的纪录。当下潜至24.5米时，阳光基本已消失，映照在这一深层上的绿光显得十分暗淡。当下潜到91.5米时，由于巴顿在下面做记录，突然发现舱壁内渗入海水。毕比检查后指出，海水是从门盖缝隙渗入的，舱底已有积水。怎么办呢？毕比究竟还是个老手，他向巴顿说：不慌，因为门盖是在潜水器外向里拴紧的，因此加速下潜，就可以通过增加水压来制止渗漏，封死漏缝。于是毕比下令，让母船使深潜器加速下沉，果然，渗漏很快消失了。

但当下潜到231.5米时，由于舷窗外的景色实在太迷人了，毕比目不暇接，舍不得马上离开，于是在这一深度上暂停下降。正当他们尽情欣赏这朦朦胧胧淡蓝色的、人迹从未到过的水下世界时，海水从门缝中也加速渗入了，当下潜至244米时，深潜球内已有五加仑左右的积水了。通过测深，明知还有30米左右即可巡访海底了，也不得不中断下潜，通知母船，不无遗憾地打道回府。待他们俩从潜水器中出来时，由于没有活动空间，长时间都蜷曲着工作，身体几乎都僵硬了。他们终于体会到，水下生活并不轻松，也实在不好受。但成功的喜悦又不断激励他们继续深潜。四天后，堵住了舱门渗水，但在下潜到76.25米深时，电话线又断了，下潜不得不中止。

尽管这次试验不能说完全成功，毕比他们仍十分兴奋，对自己的深潜试验充满信心，觉得"进步世纪"号深潜球已克服了压力的障碍。

冬去春来又一年，1931年6月中旬，毕比他们再次进行深潜试验。先作无人深潜试验，下沉到600米处作了较长时间的水密试验，一切都满意后，毕比就正式下潜。

毕比考虑到这种深潜器的活动局限离不开母船，因而使水下停留的时间受到限制。这样，必须使深潜器在水下停留期间提高观察的效率。但这只是一厢情愿，在深水中观察如何提高效率呢？那些水下奇异的小生命、海洋动物能听你指挥吗？这种方式的观察是被动的，因为这些水下小生命不会自动给你当"模特"，高兴地做出各种姿态，让你尽兴观赏。于是，他们挖空心思想了个巧妙的办法，使探险观察者成为主动的、水下艺术舞台的指挥者，让这些水下的小生命来当演员，当模特。

他们的办法是，深潜时在观察舷窗的下方，悬挂一块裹着纱布的鱼饵，这鱼饵是腐烂的鱿鱼，散发着"香"味，让那些水下小生命可见、可闻而不可吃，而在它周围则挂着一串串闪闪发光的有钓饵的鱼钩。这一招还真灵，引得好多小生命前来竞相争食，争食激烈之时也是表演掀起高潮之际，在缓缓地下潜过程中，这些原先见所未见、闻所未闻的在深海栖息的各种海洋生物顿时也都活跃起来，一个个粉墨登场，都不请自来当"演员"，翩跹起舞者有之，霓裳飘拂者有之……两位深海探险的勇士快乐极了，看了个够，看了个过瘾，看得陶醉了。

作为科学考察，他们还观看、研究了阳光在海洋中色彩的变化。在45.75米深处，首先看到红色与橘黄色光的消失，随后在106.75米深处黄色光消失。在海洋深处光谱的分布上，76.25米深处蓝紫光独占鳌头，几乎占了一半，绿色和淡淡的青色各占25%；到了水深137.25米处，在反光镜上仅存紫色和淡淡的绿色；到达水深213.5米处，分光镜上几乎找不到有色彩的光谱，也许这就是到了没有太阳的深海世界了。在那里，毕比和巴顿的观察缺少太阳光，就请生物发光来帮忙。果然，这些可爱的小生命以其自身的光亮来欢迎毕比和巴顿，为他们照亮，为他们导向。他俩看得十分有趣，也许希望能更明亮些，不知谁打开了深潜器内的照明灯，结果帮了个倒忙，什么也看不见了。

接着，"进步世纪"号又继续下潜。当下潜到366米水深处时，毕比在探照灯的搜寻下看到了一条形态奇异的鱼，这条鱼有金黄色的尾巴、透明的鳍。他瞪大了眼睛，细细地看，冷静地想，但还是懵了，以至于当深潜器出水后也没有想出这条鱼究竟是什么品种。

在这寂静的、没有阳光的深海世界里，毕比与巴顿时时刻刻、分分秒秒都与这些可爱的、奇异的海洋小生命相伴，忘却了水下的寂寞，此时此刻，他们真正感到自己是世界上最幸福的人。

从此，这两位深海探险家的深海探险一发而不可收，1932年9月的某一天达到了435米，以后又先后深潜到667米和701.5米。在1934年8月15日那天，他们达到了水下923.5米的深度。这些记录，每一次都是自我的超越，每一次都是人类直接深海探险的创新。

原想还将继续深潜，只是第二次世界大战烽烟遍地起，不得不中断。15年后，巴顿重新设计了一个新的潜水器。1949年，巴顿乘坐自行设计的深潜球在加利福尼亚的海域深潜，到达了1375米，试验成功，再创钢缆吊挂深潜器的水下最深的世界纪录。那一年，毕比已72岁高龄了，没有参加深潜，但他始终以巨大热情支持深潜器的重新创制与巴顿的深潜探险。尽管毕比没有参加此次深潜，但人们在把光荣归于巴顿的同时，也归于了这位载入深潜事业的开创者。

深海探险世家比卡尔父子

比卡尔是一位思想深邃、性格内向的学者，即使他高空探险的事迹已传遍世界，但深海探险的志向远在20世纪初的青少年时代就已经萌发，他根据希腊语"深海船"一词，创造了"深潜器"这一专业用语。而且关于深潜器的考虑，从萌芽到较成熟的构思始终在脑际里深埋着。

1934年毕比与巴顿在深潜到923.5米深度时，比卡尔就发现，迄今为止，所有的潜水装置都存在着一个共同的缺点，那就是必须通过又粗又重的钢索与水面上的母船联系在一起，不能自由行动，特别是不能在较深的海洋里活动，即使在3000米～4000米深海也是极其危险的。原因很简单，按以往传统的设计方式，既摆脱不了钢索增长的困难，又不能克服在上浮过程中深潜器与钢索之间相互缠绕等麻烦。在分析以往

使用潜水器缺点的同时，他有了自己的构思。

其实，在1937年，比卡尔在比利时的布鲁塞尔大学里从事研究期间就已经细心地考虑着深潜器的设计了，但由于需要一笔巨大的建造资金资助，不得不等待机会。有一天，他找到了一个极好的机会，立即兴奋起来，因为比利时国王莱奥布尔特正在宫廷里出席一次会议。尽管比卡尔还不熟悉这位国王，但为了这前无古人的深海事业，他必须说服国王。

后来，他又说服了比利时国际研究财团，终于取得了100万比利时法郎的信用贷款。在技术咨询答辩会上，一些工程技术专家还存在疑虑，但最终提出，在进行4000米深潜的"深潜器"建造上，如果比卡尔教授认为没有问题，那就是可行的，我们对他的能力给予十二万分的信赖。为了感谢财团的支持，比卡尔把计划建造的深潜球命名为"弗恩斯2号"（FNRS-2），以示这是探空气球飞艇"弗恩斯1号"的继承者，也是比卡尔探险事业更上一层楼的标志。

一切准备都在有序地进行中，高压试验室在布鲁塞尔大学建成，分体设计与试验，以及整体设计与计算都在不断地改进中，各种类型的舷窗、实验室、电气与仪器、呼吸与排气装置等的模型陆续完成。但在不断施加高压时，接二连三地失败了，真让比卡尔伤心。由于遇到的困难太多，直到1939年，这项计划的大纲还未最后明确。又经过了种种技术改进后，基本障碍已消除，计划也呈报上去了。正在这时，第二次世界大战席卷了整个欧洲，比卡尔的深海探险梦不得不中止。这未完的梦一搁就是近十年。

在漫长的六年战争期间，比卡尔仍在时断时续地圆着他的梦。在战争硝烟消散后，他再一次去敲开比利时国际研究财团的大门。在这方面倒没有遇到严重障碍，然而由于物价上涨，比利时法郎暴跌。于是深潜研究又陷入了困境，原计划中有一些有特色的研究项目不得不撤销。

后来，由于比卡尔的奔走呼吁和锲而不舍地努力，1948年，一个新型的深潜器终于建成，命名为"弗恩斯2号"，这就是以后制成正式深潜的"弗恩斯3号"和"的里雅斯特号"的雏形。

由于"弗恩斯2号"在设计、研

制中历经无数磨难，从研究到建成长达十年之久，所以科学界、新闻界尤为关注它的现场试验。

试验选择在北非塞内加尔达喀尔的外海，日期是1948年11月13日。那是一个星期日，在佛得角群岛附近，水深是1400米，比利时货船"斯卡尔台恩号"甲板上的起重机喀拉喀拉地开动起来，慢悠悠地从船舱里吊出一个像小型飞船模样奇妙的船体，随后又露出了一个悬挂在腹部的气泡似的大型的钢制球体，它被涂成橘黄色和白色。由于传来了涌浪，于是人们就把那艘古怪的"海洋气球"稳稳地放落在水中，这时正好是下午1点。

这艘古怪的"海洋气球"就是深潜器"弗恩斯2号"，它由两部分组成，浮在上面的飞船模样的船体，是一个铝合金制成的浮体，它的功能是：一旦深潜器到达海底，该浮体就会以足够的浮力，保证深潜器上浮水面。因此在浮体内装满了比水轻的汽油。而在腹部的那个球体，一部分是供水下探险观察的工作室，另一部分是压载舱，当"弗恩斯2号"需上浮时，只要打开电磁阀扔掉压载金属球即可。深潜球内的人员通过声呐与水面船只保持联系，深潜球配有螺旋桨，可在水下自由活动。

这天下午，"弗恩斯2号"首次进行深海无人试验，远距离控制操作，在深潜球内预先安装了时限装置，一旦触到海底即可自动排出压载物而返回海面。按事先的计划返回时间调整在下午4时40分。原以为留下3小时40分钟的深潜器活动时间是足够的，不料，附近海面一艘法国海军调查船"埃里·莫尼爱号"正在那里调查测量。由于潮流的缘故，把"弗恩斯2号"漂到较浅处，后来得知是9米，于是人们设法把这艘深潜器拖拽到深水域，谁知在拖拽的过程中，钢缆突然又断了。

深潜器内的限时装置已不能再调整。时间在不断地流失，大家都焦急地捏着一把汗。

下午3时30分左右，"埃里·莫尼爱号"的潜水员们在一位名叫英·柯斯特的军官的指挥下在海水里演出了精彩的一幕。其中的一位潜水员菲利浦·达伊埃在这次下潜作业后不久就成为世界公认的著名水中肺潜水员。达伊埃一面划上小艇与风浪搏斗，一面又慢慢地去靠近深潜球，柯斯特则在船舷边目不转睛地注视着与"弗恩斯2号"联系着的钢索。

突然，深潜球开始下沉，很快出现了要求切断钢缆的信号，水手长挥舞着斧子，钢缆被切断了，深潜球旋即从视线中消失。这样，结果就很难预料，无论成与败都在此一举。倘若失败，载人沉降到深海世界探险观察仍然是一个未圆的梦，也许又要推迟若干年。

在比利时货船"斯卡尔台恩号"上，冷冰冰的船长在与人说："在战争中，我曾见过好多艘像这样的船只沉没，没有一艘是二次浮出水面的。"更多的人则在想，这家伙还能返回得来吗？

大家耐心地等待着，但这种不安又沉闷的气氛简直叫人受不了，10分钟过去了，15分钟，20分钟……

直到下午4时29分，"埃里·莫尼爱号"和"斯卡尔台恩号"上的船员们几乎同时地喊叫起来："出现了，出现了！"

其实，在沉默中，最坚定地信任深潜器能按时返回的，不是别人，正是它的设计、督造者比卡尔

教授本人。

比卡尔真正担心的，不是深潜器不能返回，而是担心留下的不足30分钟的时间，深潜器未到海底而按预定时间返回，这样，究竟是否到达深海底就不得而知了。深潜器果然不负比卡尔的期望，正是在29分钟内潜到了深海的海底才返回的。

然而，对于这次深潜活动，记者们都以失败而给以报道。但比卡尔心里明白，如果这一次是载人深潜的话，就会以开创深潜新事业而受到欢呼与喝彩。实际上，如若载人，必然十分成功，只是由于遥控器操纵的阀门处有一丝间隙，如观察室内有人就会及时处理。如果载人，也会因人为的调整上升速度，天线不至于损坏。

比卡尔没有失望，更没有沮丧。他的心里，对深海探险充满了信心，他知道"弗恩斯2号"的此次试验已向他发出信号，去深海最深渊探险已指日可待了。没有"弗恩斯2号"就不会有"弗恩斯3号"和"的里雅斯特号"。为了取得充足的经费，比卡尔又详细地做出了有关项目试验的申请计划。

比卡尔毕竟是一位老练的探险家和极富经验的实验物理学家。经过无数次试验和改进后，正式在法国土伦建造"弗恩斯3号"（FNRS-3）深潜器，并在意大利的里雅斯特港建造另一艘深潜器。为感谢意大利人民的热情支持，取名为"的里雅斯特号"（又译名"曲斯特号"）。两艘深潜器建造很顺利。法国和美国都深知深潜器的意义。比卡尔出于庞大的经费考虑，无奈将两艘深潜器分别卖给了法国和美国。

"的里雅斯特号"深潜器建造完成时已是1953年，那年比卡尔已是69岁高龄了。尽管他深知离深海最深渊的探险已不再遥远，应该说已提上日程，但年龄不饶人，为了让深海探险后继有人，更为了让严峻的风险留给自己，是年9月下旬，比卡尔带着21岁的儿子J·比卡尔一起前往地中海达弟勒尼安海域，在那里乘坐自己设计的"的里雅斯特号"，经63分钟的深潜，到达3150米深层。比卡尔父子到达了前无古人来访的海底世界。其实，他和他的合作伙伴在以后的深海探险中的所到之处都是人迹未涉的处女地，深海海底确实很美妙，近看是淡色的平面，远看则消失在茫茫的黑色中了。但黏土看来有着较大的黏着力，还有些小生物。经短暂的海底停留后，从压载舱中释放出铁球，于是窗前出现了水的涡动，嗣后很平稳地上升，按计划于10时35分露出了水面。

在人类直接进入深海进行探险的历史中，最重要、最精彩的事件是1960年1月23日，"的里雅斯特号"深潜器从太平洋关岛海域下潜到马里亚纳海沟的最深渊11000米，比喜马拉雅山的顶峰还多出2000多米，从而为人类征服海洋揭开了最壮丽的一幕，把人类直接进入深海的探险推向高潮。

那年，A·比卡尔已是76岁了。他对自己的设计充满信心，到1957年7月3日为止，他已先后经历或指挥过27次深海探险了。自1953年与小比卡尔一起探险以来，他对儿子深海探险的精神与技术也十分信赖。这一次，他决定由小比卡尔和一位勇于探险的美国海军上尉D·沃尔什一起去实现这前无古人的深海探险伟业。实际上，比卡尔心里很明白，这一次探险也许还是后无来者的，如果这一次探险成功，他的深海探险生涯将画上句号。也完全可能，人类直接进入深海探险画上句号也就是这一天。

那天，正巧天公不作美，也许是上天也在考验这艘已经被施放到太平洋马里亚纳海沟上方宽阔的洋面上的深潜器，洋面上掀起5米大浪，让人进退维谷。面对这严峻的场面，38岁的小比卡尔此时深切地理解父亲常提起的忍耐的意义，更懂得今天深海探险的历史性意义：今天是我实现深海探险壮志的时候，也是圆我父亲毕生追求的梦的时候，一定要让父亲在有生之年看到他的梦想成真。小比卡尔和沃尔什没有任何畏惧，他俩下了最大的决心，鼓起最大勇气，抱着必胜的信念，一定要深潜到马里亚纳海沟的最深渊去探个究竟！为有牺牲多壮志，在前无古人的探险伟业上，纵然失败也悲壮。

上午7时，深潜器开始缓缓下潜，由于阳光在海水中很快衰减，不久深潜器就被黑暗笼罩。这两位勇士通过舷窗看到，在那没有阳光的世界里，呈现出众多的水下"繁星"，闪烁着色彩缤纷的奇妙的光芒，这对小比卡尔来说，已经不是新鲜事。也许这是一群群会发光的微生物前来做向导，给的里雅斯特号导航指方向呢！之后，一路下潜到9000米时，突然出现意外，舷窗外的玻璃"咔嚓"响了一下，也就是说，在900个大气压力下，玻璃出现了裂缝。小比卡尔何尝不清楚，一旦玻璃碎裂，这区区生命必然会被压得粉碎。然而，他又十分自信，对父亲的设计十分信赖。记得1948年"弗恩斯2号"在进行无人深潜时不是也发现舷窗渗水吗？比卡尔重点研究了舷窗的材料与耐压的试验，最后没有选用硬质的玻璃、熔解石英等物质，因为这些脆而硬的透明材料具有更多的危险性，在这些材料上一旦有极轻微的擦伤，就会大大降低材料的强度。以前曾选用过很多透明材料，但真正解决问题却是在1948年，已可选用如丙烯玻璃等新材料了。试验也是极其严格的。

小比卡尔和沃尔什态度十分坚决，绝不因听到舷窗玻璃的"咔嚓"声而就此退缩，于是，继续下潜。经过六个多小时的下潜，这艘重150吨的"的里雅斯特号"深潜器终于第一次把人类带到了世界大洋的最深点——马里亚纳海沟。深潜器离大洋底只有5米，深度指示为11530米，该深度指示经校正后为10916米。读者们千万别小看这个数据，这是个什么概念呢？我们通俗地打个比方，即在人的大拇指指甲大小的面积上要承受1000千克以上的压力。按此比例，在该深潜器的总面积上所承受的压力超过15万吨！真不得了，难怪当这金属制成的深潜器在浮出水面后，人们发现它的直径竟被压缩了1.5毫米。

在这没有太阳的洋底世界里，水温2.4摄氏度。这两位探险家在这里进行了20分钟的科学考察。他们亲眼看到了呈黄褐色的洋底的土壤，这是硅藻软泥。他们原以为在如此巨大的高压环境下，任何生物已无法生存，然而却发现了类似比目鱼的鱼在游动，这种鱼长约30厘米，幅宽为15厘米，身体扁扁的，眼睛却微微突出。还有一些海洋中的小生命在活动，其中还有一条长约2.5厘米的红色的虾，正在绕过舷窗自由地遨游。

这两位探险家证实了，即使在世界大洋中最深的深渊海沟处绝对寂静的世界，依然存在着海洋生命。这里的海洋生物已适应于深海环境条件，即缺乏阳光、黑暗、低温、高压。这些海洋小生命的生态都具有特殊的适应性，无论是体色、视觉器官、肢体、骨骼、摄食器官、发光器以及繁殖方式都有独特的系统与方式。

既然在大洋深渊还有海洋生命存在，也就是说大洋深处还有氧气存在，那么，在这深层中的氧气又是通过什么途径来的呢？深海探险给海洋学家们留下一个谜。

他们的深海探险还向人类宣告，即使在大洋的最深渊，希腊神话中的地狱也是不存在的，海洋中的生命无处不存在。海洋有多深，海洋中的生命就能在多深的海洋里生存。

小比卡尔和沃尔什16时56分浮出水面。返回到关岛后，美国海军派专机把这两位深海探险功臣接到美国。

为了庆祝这一重大成就，华盛顿向全世界发表了正式文告，艾森豪威尔总统亲自给两位深海探险者授勋。

毕生从事探险事业"的里雅斯特号"的设计者A·比卡尔，1960年已76岁了，尽管这次探险他没有亲自参加，也没有亲临现场，但他的心始终与这次深潜的壮举紧紧联结在一起。当他欣闻儿子在马里亚纳海沟探险成功之后，他百感交集，思绪万千，兴奋不已，眼睛里噙满了幸福的泪水。是啊，他怎能不激动呢！这一辈子他与高空、深海探险结缘是这样的深，甚至连他自己也说不清。但有一点是十分明确的：深海探险是他的一切，深海探险就是他的生命！对世人来说，比卡尔就是深海探险的代名词。

北冰洋航道开拓者

诺登舍尔德是19世纪一位在众多学科方面有作为的科学家，他精通矿物学、地质学、物理学、地图学和生物学；与此同时，他又是一名北极探险家，作为北冰洋航道的开拓者而驰名全球。为此，他被永远载入世界探险史册。

19世纪下半叶，西欧掀起北极探险热，各国航海家们先后驾船驶入喀拉海域，1869～1870年，就有20多艘挪威船只驶入这一海域捕捉海兽、鲸类或从事探险活动。而更引人注目的是，1874年英国乔治·维金斯船长驾驶蒸汽船成功穿过喀拉海，首次闯进了鄂毕湾。所有这一切的成就，引起了瑞典富商奥斯卡·迪克森极大的关注，他从商业的角度考虑开拓东北航道可能带来的利润。鉴于此，他主

动出资装备了一艘大型帆船，聘请了诺登舍尔德为首的科学考察组开赴北方海域进行考察活动。1875年，诺登舍尔德一行乘船顺利地穿过喀拉海，绕过了亚马尔半岛，一直行进到东经80°20′、北纬75°30′处。同年8月中旬，他们将帆船停泊在叶尼塞湾入口处一小岛附近，并发现小岛对岸有个优良港口。为感激富商奥斯卡·迪克森出资赞助这次北极探险活动，诺登舍尔德以瑞典富商的姓氏将它们分别命名为迪克森岛和迪克森港，以瑞典人命名的两地名至今仍保留在俄罗斯联邦地图上。尽管诺登舍尔德一行试航十分顺利，但在广袤的海域中帆船的航速太不尽人意了。翌年，即1876年，诺登舍尔德利用俄国黄金商西比利亚科夫提供的奖金租赁了一艘以蒸汽作为动力的船只，并把一批外国货物首次运送到叶尼塞河入口处。通过此次往返航行的所见所闻，使诺登舍尔德发现，每年8月底至9月初，在泰梅尔半岛附近的喀拉海域则是为无冰的季节，以前俄国探险队的蒸汽船一行在秋季里曾畅行无阻地通过这条航线。这是一条多么重要的信息呀！它使诺登舍尔德深深地感到，只

要抓住无冰期间的大好时光，开足蒸汽船的马力，然后沿亚洲大陆海岸线航行，就能闯出一条通向亚洲的东北航道。

在俄国黄金商西比利亚科夫和瑞典富商迪克森的巨款资助下，诺登舍尔德组建了一支探险队走上了开辟从欧洲横贯北冰洋进入亚洲的东北航道的征途。1878年7月4日，一艘名叫"维加"号的蒸汽船在富有航海经验的帕兰德尔指挥下，从瑞典哥德堡起航，"维加"号是一艘德国建造的橡木船，有三条桅杆，能载重357吨，船长43.3米，有一台60马力的蒸汽机，船上有水手、科学家和医生共30人。中途于7月21日在挪威特隆姆瑟港口接应诺登舍尔德上船，另一艘较小的"勒拿"号在尤戈尔海峡等候"维加"号，然后再结伴同行，当"维加"号进入巴伦支海后船头直指向东方，驶向茫茫的大海中，在与先行的"勒拿"号汇合后，并与几艘运煤的补给船一起驶抵迪克森港。8月10日，留下补给船后，"维加"号和"勒拿"号又从迪克森港口起锚，开始了探索东北航道的新里程。

在这从无前人航行的处女航道

上，诺登舍尔德一行怀着战战兢兢的心情逶迤东行，他不断地修正海图上的错误和遗漏，小心翼翼地穿过水下浅滩和无名氏岛群；他认真观察变幻莫测的天气变化，记录大雾弥漫、浮冰漂流等自然现象，于8月下旬绕过亚洲最北角——切留斯金角。尔后，天空晴朗，西北风阵阵吹来，船只沿着泰梅尔半岛东南海岸线朝前行驶，船很快地航行到勒拿河河口。为了争取时间赶在封冻期前驶出白令海峡，诺登舍尔德决心卸掉包袱，即把航速较慢的"勒拿"号就地留下，率"维加"号全速向东挺进。在东经162°

附近的海面上遇上了一座巨大冰山，"维加"号机智地绕过冰山继续东航，一帆风顺地航行在广阔的东西伯利亚海，平安地穿过德朗海峡，驶进了楚科奇海。然而真是神算不如天算，此时此刻已到9月28日，气温骤然下降，海面很快被冰封冻，"维加"号终于被冻结在科柳钦湾附近的海面上丝毫动弹不得，要知道这儿离白令海峡的杰日尼奥夫海角也只有200余千米了。面对一片封冻的茫茫坚冰，"维加"号的全体船员只得忍受着难以想象的严寒和风暴的袭击长达九个多月之久。呼呼的北风，茫茫

的冬夜，死一样的寂寞，这一切在吞噬着"维加"号。诺登舍尔德对此后悔不及，他曾在日记上这样写道："假若我们以前能日夜兼程地加速行进，那么，冰块也不会阻挡我们航行的。我们的航船被封冻的地点离我们此次目的地已经很近了。我认为，这对我们来说是一次极大的不幸，对此我终生难忘。"

翌年7月18日，被封冻了近十个月的海面开始解冻，水手们欢欣雀跃，扬帆起锚，完好无损的"维加"号离开无冰的海浪，正前方目标为白令海峡。当船只穿过白令海峡之际，船上礼炮齐鸣，以纪念人类首次打通北冰洋航线这一终身令人难忘之日。回首往事，自公元16世纪中叶，从威洛比开始探索东北航道算起，经过多少代人的前仆后继，又演出了多少幕船毁人亡的悲壮场面，然而326年以后，幸运之神终于向诺登舍尔德招手了。值得特别提到的是，诺登舍尔德率领的"维加"号竟创造了船员无一缺员，船体完整无损的人类探险史上的奇迹。它取道日本横滨，中国广州、锡兰、穿过苏伊士运河、直布罗陀海峡于1880年4月24日胜利地返回瑞典。诺登舍尔德回到斯德哥尔摩后，全市市民连续数周为他举行庆功会，瑞典国王奥斯卡封他为男爵，俄国彼得堡科学院授予他为国外通讯院士，他的著作被译为多国语言，为后人广为传读。

诺登舍尔德首次开辟了北冰洋航道，在人类探险史上谱写了辉煌的章篇。他和达·伽马、麦哲伦、哥伦布、库克、富兰克林、白令、郑和等一批名垂青史的探险家一样，受到后人的敬仰和崇敬。作为北冰洋航道的开拓者，不少国家将诺登舍尔德姓氏作为地名命名以示永久性纪念。

一脉传承的帕维尔探险

古朴雄伟的苏联国家海洋中央档案馆耸立在莫斯科市区。每天都有航海史研究人员前来查阅各种航海资料和不同时代的航海日志。厚厚的克鲁森施滕卷宗曾引起了人们的浓厚兴趣。这份独特的家庭档案收集了航海家极感兴趣的大量资料，如由伊凡·费奥多罗维奇·克鲁森施滕于19世纪30年代草拟的考察南、北极的考

察计划，关于寻找海上西北通路的历史著作、上千封信件以及鲜为人知的探险计划等。

伊凡·费奥多罗维奇是俄国环球航行的著名航海家。他曾对南、北极探险提出过大胆的设想，但却没有来得及实践就去世了。他的儿子巴维尔·伊凡诺维奇·克鲁森施滕为了实现父亲的遗愿做了毕生的努力，不惜

花费巨资建造了"叶尔马克"号双桅纵帆船，准备远征北冰洋。1847年他拟定了一份北极考察方案，遗憾的是人们对这个计划不感兴趣。他并没有灰心丧气，决心让自己的儿子帕维尔·帕夫洛维奇来继承他们两代人的未竟事业。

1834年8月7日，帕维尔·帕夫洛维奇·克鲁森施滕降生在俄国的雷维尔，这位航海家的后代从小就听到各种各样传奇式的航海探险故事，耳濡目染，逐渐萌发了要同波涛汹涌的海洋搏击的强烈愿望。1849年，15岁的帕维尔与父亲一起乘着"叶尔马克"号在碧波万顷的海上航行，从此开始了他不平凡的航海生涯。

1860年夏，帕维尔在父亲的鼓励下驾着"叶尔马克"号扬帆畅游了伯朝拉湾，接着又勇敢地驶入喀拉海峡，准备穿越当时还蒙着一层神秘色彩的喀拉海。途中他的船遇上了耸立在海面上的巨大浮冰，几乎葬身海底，他只好返回。为了取得政府的支持，他与父亲制定了一个考察海军部十分感兴趣的叶尼塞河河口的新计划。计划很快被批准了，帕维尔被任命为这次考察的总指挥。

1862年8月1日，"叶尔马克"号驶离了伯朝拉河口的库雅村，向未知的海洋驶去。帕维尔知道，早在300年前，就有一批海洋探险家想深入到喀拉海的东部海域，但他们遭到了海神的无情惩罚，出航后就再也没有回来。等待着他的又将是怎样的命运呢？帕维尔环视了一下甲板上25位体格健壮的海员，心里充满了信心。

探险船在伯朝拉河口的浅滩间平稳地行驶着，和风吹拂，海波微荡，海神似乎在欢送他们出征。但神奇的海洋变幻莫测，三天后他们就遇上了罕见的暴风雨。海神尽情地戏弄着这一叶扁舟，巨浪几乎把他们卷入海底深渊。

8月10日，海面上开始出现稀疏的浮冰，探险船在浮冰间行驶着。他们在瓦林德依岛的海湾里休整了三天，然后向多尔吉岛驶去。浮冰越来越多，有的像火山锥，有的如精心雕刻的艺术品，也有的似雄伟壮观的金字塔，一直延伸到天水线际。帕维尔指挥着船巧妙地同浮冰周旋着，好几回巨大的浮冰块几乎撞翻他的船。

8月14日下午三时，探险队驶抵到处都是冰层的尤哥尔斯基沙尔。为了防止发生不测,帕维尔不停地测量着周围水域的深度,决心在天黑前抵达喀拉海。七时许,浩渺的喀拉海终于展现在他们的眼前:到处是白茫茫的海水,几座冰山异峰突起,巍然屹立在海面之上。

探险船在冰层较少的瓦加奇岸边下锚碇泊。不过平静的环境并没有持续多久,几小时后海风呜咽,低沉而悲怆,使人毛骨悚然。大块浮冰以四节航速经过尤哥尔斯基沙尔向喀拉海汹涌而来,探险船遭到意外袭击,情况十分危急。在冰层的挟持下,"叶尔马克"号开始移动了。海冰接二连三地向船扑来,为排除险情,帕维尔下令起航,布满层层风帆的木船在冰缝中左冲右突,巧妙地避开了浮冰的冲击。

8月15日五时,考察船向搏尔沙雅地附近的鹰岛驶去,希望在那儿能找到可以抛锚的海湾。不料当他们驶离小岛四俄里时,海风却突然停息了,来自巴伦支海的海流控制了探险船。怎么办?是在流速很高的冰水中下锚,还是随着海流向东漂浮?经验告诉帕维尔,两种抉择都是对他们的严峻考验。这时他看到,一股冰流正

向北奔流,然后向东折,再转向南,朝搏尔沙雅地流去。如果顺着这股冰流航行,或许能找到适于锚泊的海面。谁知几小时以后气温明显下降,这股唯一能拯救他们的冰流也冻结起来,刚才还是动荡不已的海面,现在成了一幅静物画,一堵冰墙正在远方升起。前无去路,只好返回,帕维尔决定返回尤哥尔斯基沙尔,直到喀拉海峡。

这时,凛冽的寒风愈刮愈猛,探险船终于成了海冰的俘虏。帕维尔不甘在严寒与海冰面前屈服,毅然下令升起全部风帆,借助强劲的海风,用船头击破阻挡航路的冰层,把船强行驶向无冰的水域。生死攸关的搏击持续了几个小时,"叶尔马克"号在海冰的裹挟下漫无目标地移动着,逐渐陷入了海冰的包围之中。

8月22日,茫茫无际的海冰开始向"叶尔马克"号发起了进攻。空旷的冰原上时时传来冰层的断裂声和冰块的挤压声,船体随着刺耳的声响不断地震动着,随时都可能被挤得粉碎。在帕维尔的指挥下,船员们纷纷把小船、油桶、咸肉桶搬到冰面上,做好了弃船的准备。

天气在不断发生着变化，中午是蒙蒙细雨，傍晚却是鹅毛大雪。风、雪、严寒在无情地折磨着每一个人，船也失去了平衡，开始向左倾斜。即使在这种险恶的环境下，帕维尔和其他科研人员也没有放弃科学研究：观测气象、测量水深、取样、确定方位……

8月30日晚上，冰把船体抬高了30厘米，船体的水下部分受到严重的撞击。风越刮越猛，最后成了惊人的风暴。冰载着船继续漂流，帕维尔为防止船体压塌造成严重损失，便吩咐海员们在附近的一块冰上筑起粮食和木柴仓库。9月2日晚上，船体又抬升

了150厘米，并且不时发出刺耳的吱吱嘎嘎声。值班员报告说船体内已进水60多厘米，人们便急忙把所有的器材、物品转移到冰上。第二天早上，在上面构筑仓库的那块巨冰突然裂为两半。显然，在已经碎裂的冰块上等待奇迹的出现，无异于坐以待毙，帕维尔决定弃船，寻找陆地。

9月7日，帕维尔在冰面上召开了全体船员紧急会议，会上一致决定立即转移到亚马尔半岛上去。转移途中，每个人得背28千克重的各种用品、科研仪器、设备及20天的口粮。9月9日凌晨四时，帕维尔唤醒所有的人，吃了一顿丰盛的早餐。六时整，

帕维尔手持罗盘站在队伍的最前列，向东出发了。

寻找陆地的历程十分艰难。人们身负重载，在茫茫冰原上蹒跚而行。冰原上布满了隐伏着危险的裂隙，两辆装满木柴和食品的雪橇经不住长时间的颠簸断裂了，随身携带的小船也因一路上磕碰得无法使用，被丢弃了。

为了节约粮食，他们只能过着半饥半饱的生活。转移的速度并不算慢，到中午时分，"叶尔马克"号就从人们的视野中消失了，但陆地还是不见踪影。凛冽的寒风呼啸着，无情地吹刮着每个人的肌体，阵阵雪花随着狂风在空中乱舞。夜里，他们就在冰上过夜，第二天又翻越冰山向东走去。劳累困顿使人疲乏无力，许多人为了减轻负担不得不把私人用品一一丢掉，就连那些体质好的人也累得病倒了。连续走了13小时后，帕维尔宣布休息，一个人大喊起来，说他看到了前面陆地的身影。帕维尔爬到冰山顶部，用望远镜寻找着。可望远镜里除了刺眼的白色冰原以外什么也没有。帕维尔明白了，这是幻觉在折磨着人们。

晚上，除留一人放哨外，其余的人都舒展四肢躺在冰层上，疲乏征服了每一个人。第二天天刚蒙蒙亮，

大家就又爬起来赶路了。帕维尔登上冰山，遥望前面的征途，突然在东北方向他看到了博尔沙雅地的淡红色山崖。啊，那就是他们所向往的海岸。听到这个好消息，人们的精神顿时大振，希望之火在每个人的心头炽烈地燃烧起来。

一长列队伍在白色的冰原上蠕动着，帕维尔走在队伍的最前面。探路是最艰难的，他不时跌倒，又顽强地爬起来，手和脸伤痕累累，有好几次坠入冰谷之中。同伴们十分尊重他，也十分关心他，他们终于说服了自己的总指挥，把队伍最前面的位置让出来，排到队伍的中间。

有一天，探险队遭到了几只海象的攻击。帕维尔手持标枪向海象猛然刺去，可厚厚的海象皮竟没受到一丝损伤。他立即用步枪对准海象的眼睛袭击。一声枪响，海象吼叫一声跌入水中，其余的几头海象也惊恐地潜入水下。

经过几天的艰难跋涉，他们都已筋疲力尽。9月12日，迷雾阵阵，东风怒号，队员们都蒙头大睡，以保存体力。中午时分，天气才好转，他们开始渡过很宽的冰窟窿，不时有人跌入冰冷刺骨的海水中，但很快就被救上来了。他们离海岸不远了，大约只有四俄里的路程。不料他们所在的冰岛却开始向西移动，盼望已久的海岸又逐渐消失在人们的视线中。到了晚上，冰层破裂了，冰冷的海水把每个人都溅得全身湿漉漉的。他们在冰上漂浮了三天，尽管饥饿，却没有人愿意轻易地拿一块面包干，因为他们知道，这点点救命粮不到最紧要的时刻是不能拿出来的。

9月13日中午，风终于向他们伸出了仁慈的手：西南风代替了东风，冰块又开始向东漂移了。晚上，他们离开开裂了的冰块，转移到一块大冰原上。9月14日晨，海岸终于又出现在他们的面前，但冰原与海岸之间却是一片碧绿的海水，他们无法越过海面，踏上那朝思暮想的陆地。他们只能含着热泪，看着冰原慢慢向海岸靠拢。不料风再次转向，冰原向西北方漂去，海岸又一次消失在迷茫之中了。

面包干吃光了，饥饿、寒冷和死神的幻影时时在人们的脑际闪现。最关键的时刻到了，如果他们不能登上陆地，那么25人必死无疑。9月

16日，气温骤降，冰原四周的海水冻结起来，帕维尔当机立断，立即向东、向着几天前展现在他们面前的海岸前进。

棕黑色的海岸终于又在他们的眼前出现了，距离大约有15俄里。喜悦之情又洋溢在人们憔悴的脸上，队伍移动的速度加快了。到下午一点，他们离海岸只有一俄里了。走完这最后一段距离对每个人来说都是严峻的考验。

在冰层的尽头与海岸之间是一泓海水，上面漂浮着几座冰山。他们不停地走着，从一座冰山上爬到另一座上。两小时后，他们离海岸只剩下100米了，这是最后的冲刺，如果不抓紧时间征服这百米宽的水域，那么冰山一旦移动，他们的一切努力都将付之东流。但这百米之内除了水之外没有一块冰，25人毫不犹豫地纵身跃入海中，两人一组、三人一群地向岸边游去。晚上八点，他们终于踏上了坚实的土地，无法抑制的激动如山洪一样爆发出来，喜悦的泪花在眼中闪烁，低沉的哭泣声在旷野上回荡着，与寒风的呼啸声交织在一起，撼动着人们的心。

第二天，他们在5俄里外的地方找到了聂聂茨人的居民点，聂聂茨人热情地款待这批遇难的探险家，请他们吃肉、鹿舌、干酪和糖茶。9月19日，这些衣冠不整的探险队员们骑上鹿，沿着喀拉海岸向南走去，12天后到达了鄂毕河。

帕维尔探险队就这样结束了此次探险。后来帕维尔患了严重的关节炎，右手无法动弹。1870年他又参加了抢救遇难船的活动，病情更加严重，于1871年去世，年仅37岁。为了纪念他的喀拉海探险，俄国最早的破冰船就命名为"叶尔马克"号。

杰出的拉彼鲁兹

拉彼鲁兹出生于法国阿尔比的一个地主兼法官的家庭，15岁时他入伍当了海军。1782年，拉彼鲁兹奉命率领三艘战舰攻击停泊在加拿大哈得孙湾的英国军舰。他胜利完成了任务，击溃了英国舰队，摧毁了英军要塞，俘获了许多英军官兵。在英军要塞司令赫恩的秘密文件中，拉彼鲁兹发现了沿美洲北部海岸航行的资料，包括

地图和记录等。作为战胜者，拉彼鲁兹没有把这些材料据为己有，而是还给了资料的主人，并约定，在赫恩返回伦敦后，须立即将全部资料出版，使之成为全世界航海者的共同财富。此外，他还发给英军俘虏生活必需品和必要的自卫武器。然后，他就把俘虏放走了。

拉彼鲁兹的才能受到法国国王路易十六的赞赏。1783年9月，法国决定派一个科学探险队进行海外考察，国王亲自指定拉彼鲁兹担任这支探险队的指挥。

这次探险是一次环球航行，时间长达四年，航行的路线是：从布勒斯特出发，经加那利群岛，过合恩角，

到复活节岛停泊，然后北上夏威夷群岛，从那里沿美洲海岸北上，再南下经日本、中国，再沿亚洲海岸航行，最后南下至新荷兰(即澳大利亚)，经马鲁古群岛、法兰西岛(即毛里求斯岛)，绕好望角返回法国。

1785年8月1日，拉彼鲁兹率领两艘三桅战舰从布勒斯特起航，其中"罗盘"号由他亲自指挥，"星象"号由他委派的朗格勒为船长，两船共有船员242人，内有工匠和学者17人。

1787年2月，法国首都的凡尔赛宫收到了来自蒙特里和西属加利福尼亚的一个大邮包。在其中的一封信里，拉彼鲁兹对于自己未能按预定时间到达目的地表示歉意，他写道：

"我们在过去的14个月中，绕过了合恩角，北上至美洲到达圣埃利山地区。我们仔细地勘察了这一带的沿海地形，于9月15日到达蒙特里。我们曾在南海(即太平洋)的许多岛屿停泊，又在夏威夷群岛所处的纬度上从东向西一直航行了2000千米。我们曾在毛伊岛上停留了24小时，还走过了一条英国人从未走过的新航路。"

在这个邮包里，还有几封笔记体裁的信件，其中记述了远航中许多妙趣横生的细节。人们从中得知，"罗盘"号和"星象"号已经通过了麦哲伦海峡，并在南太平洋上看到了一群号称"海中之王"的大鲸鱼。这些鲸鱼曾随同他们的船队前进，还不断喷出水柱"以欢迎探险队的到来"。

1786年4月8日，拉彼鲁兹率领的两只船在复活节岛靠岸，岛上的人们几乎都赤身裸体。可令人奇怪的是，岛上那些巨大的石头雕像并未引起探险队的惊奇，他们认为这些雕像只不过是一些纪念碑。探险队与当地土著居民的关系十分融洽，这得归功于拉彼鲁兹并没有惩罚那些小偷小摸的土人。相反，当他们离开复活节岛时，还给土人留下了一些猪和山羊，并在火山地带的土地上撒下了橘子、柠檬、胡萝卜、玉米、白菜和棉花的种子。

实际上，拉彼鲁兹每到一处，都以亲切和蔼的态度待人。在与土人打交道时，他总是赠送一些礼物给那些部落酋长，因而赢得了土人和酋长们的好感。

毛伊岛是夏威夷群岛中的一个大岛，杰出的海洋探险家库克很不幸，他还未登上该岛就被人杀害了。拉彼鲁兹登上了这个海岛，他在给国王的报告中说："岛上的土人用汗水浇灌着这块土地，他们的祖先埋葬在这里。在我们之前，还没有一个欧洲人踏上这块土地。"使路易十六十分高兴的是这个报告的结尾："到目前为止，和我们打交道的土人还没有一个流过血，探险队无一个生病，只死了一个仆人。"

可是，另一封信却令人沮丧：我们进入了阿拉斯加南部一个天然港湾，周围是冰雪覆盖的陡峭高山，港内水平如镜。海湾中央有一些绿树成荫的小岛，岛上的土人摇晃着白色皮毛欢迎我们的到来。当时，我们认为自己是幸运的航海者，可是，意想不到的灾祸却在这里等待着我们。

"我们派30名水手乘一只帆船和一只小艇深入海湾内部勘察沿岸情况。他们登上一个小岛打猎，可最后只有小艇回来了，艇上的水手报告了悲剧发生的经过——那只帆船被时速16海里的海流冲击着，撞到礁石上毁了，船上的21个年轻人全部丧命，其中年龄最大的只有33岁。"拉彼鲁兹在信中写道："这一事件发生后，我心情十分沉痛，悲伤落泪。"他还报告说，这个海港被他命名为法兰西人港(即利图亚港)，他们还在海湾中央的一个岛上修建了一座纪念碑，上面写着：

"进港处曾有21名勇敢的法国水手遇难。后人到此，请以哀悼之情向死者致敬。"

1787年8月末，拉彼鲁兹的又一批信件送到了凡尔赛宫。这个邮包是1月3日从中国澳门送到一艘法国船上的。邮包内除私人信件外，还有探险队自法国出发直到澳门这一段航程的航海日记及一张美洲西北沿岸地图。拉彼鲁兹认为这张地图是他们所绘制的地图中最精确的一张。他向国王报告说发现了内克岛和巴斯海峡，并勘探了马里亚纳群岛北部的一个岛屿，然后又到了中国。拉彼鲁兹估计在8月上旬一定可以到达堪察加半岛，然后再去阿留申群岛，从那里一直向南半球航行。

拉彼鲁兹是否能按预定计划于1787年8月到达堪察加，那只有一年以后才能知道。因为这一次的邮件还是由法国驻俄国的副领事莱塞普斯先生带回法国的。

1787年9月7日，"罗盘"号在阿瓦恰港湾受到堪察加彼得罗巴甫洛夫斯克要塞鸣礼炮的隆重欢迎。在此之前，俄国要塞司令已从陆路收到了法国凡尔赛宫请他转交拉彼鲁兹的快信，以及1786年11月2日任命拉彼鲁兹为舰队司令的通知。

当时，人们只知道曾有两艘法国三桅战舰从堪察加半岛起航向南半球驶去，至于他们能否按预定计划于1788年2月到达法兰西岛(即毛里求斯岛)，却无人知晓。1789年6月5日，路易十六接到一份来自新荷兰(即澳大利亚)的邮件，这是一位英国船长从博塔尼湾带来的。拉彼鲁兹在信中报告说，他们之所以未能按期到达新荷兰，是因为发生了一起惨痛的事件。

事情的经过是这样的：

拉彼鲁兹几乎穿过整个太平洋，于1787年12月到达航海者群岛(即萨摩亚岛)，在那里的马乌纳岛停船靠岸。看上去这里的土人毫无好斗的迹象，双方互赠礼品，船队得到了椰子、番石榴、香蕉等食物。

船队起航之前，"星象"号船长朗格勒带领几个探险队员下船补充淡水。为了给土人留下好印象，他们随身带去了许多小礼品送给土人。不料，土人们一见礼品就动手抢了起来，一些身强力壮的土人把礼品全抢光了，而那些未得到礼品的土人却不甘心，硬向船长他们要。朗格勒拿不出东西来，土人就扔石块打他们。船长没有开枪，命令船员们上船返航。这时，一块石头飞来击中了朗格勒，船员们拥上前去保护船长，但枪支被海水浸湿，打不响了。结果，朗格勒和博物学家拉马农以及其他十名船员全被土人杀害了。

尽管路易十六希望探险队此行平安无恙，但在两年半期间内，探险队已陆续死了34人。那位带信来的英国船长说："两艘法国船在他起航前四个月，即1788年3月10日便已离开博塔尼湾。"从此以后，人们再也没有得到拉彼鲁兹的任何信件。关于他的行踪，人们也不知道。

直到一个世纪以后，火山学家阿隆·塔奇夫才得知了拉彼鲁兹的最后结局。

1959年，塔奇夫率领一队装备完善的潜水员来到瓦尼科罗珊瑚岛上，他们从一个礁湖里打捞出沉没在湖底的一些船锚、大炮、炮弹、铜钉以及一枚铸有俄国彼得大帝头像的银卢布。在18世纪，到过西伯利亚然后又向南航行直至瓦尼科罗岛的人，除了拉彼鲁兹以外，再没有第二个人。

塔奇夫向瓦尼科罗岛上年龄最大的土人询问这些物品的来历，他们向这位火山学家讲了岛上流传了四代的一个故事：很早以前，曾有两只大船来到这里，船上的人都被杀害了，这些受害者是白人。至此，这个故事该结束了。

拉彼鲁兹是一个伟大的航海家，他率领的船队周游了世界，在世界探险史上占有重要地位。尽管他和他的部下不幸被人杀害了，但他们的探险精神和航海事迹却永远值得人们纪念。

探寻神秘的西北航路

世界上只有南极、北极、最高山峰的绝顶以及少数几块极端艰险的角落还未能被人类真正地了解。但是，没有任何地域能像加拿大北部海岸一样，花费了人类400多年的时间在那里苦苦地探寻"西北航路"。

1497年，出生于热那亚的航海家约翰·科伯特在布赖顿角岛登陆，这个地方大约在新斯克特的北部。在那里，他不仅发现了有人类居住的证据而且他那惊人的见闻很快就传到了欧洲，他在报告中详细描述了使用弓箭、长矛、镖枪和某种木制棍棒、投石器的"以兽皮为衣"的居民。

当时，这位异想天开的航海家还以为自己已经发现了通往东方的航路。在当时地理大发现的年代如果能找到一条进入太平洋并能直接通向东方香料之国的捷径，无疑具有无与伦比的商业价值。因此，在以后的350年内英法两国竞相投入了令人无法想象的金钱、勇气甚至无数生命的代价。

大多数探险"北方航路"的勇士们随时准备迎接任何挑战，但他们之中也不乏一些胆怯的叛逆者。就在1610年的冬天，英国探险家亨利·哈得逊的船员们在哈得逊湾南部的詹姆斯湾附近哗变，并且将哈得逊连同其子与七个忠诚的水手一起抛入了冰冷的极地海水中，从此再也没有人见过他们。

随后，由于航海家卢克·福克斯和托马斯·詹姆斯那充满悲观情绪的报告，致使从1612～1632年间另外六次探险计划被布里斯托尔和伦敦那些突然醒悟过来的商人们所阻止。当福克斯在詹姆斯的船上进餐时，他就否定了詹姆斯原来所深信的想法。詹姆斯原来认为自己正沿着正确的，肯定能见到日本天皇的航线前进。福克斯当时说道："接着走吧，可你永远也不会找到日本，因为这条路根本不对。"最终，詹姆斯还是打消了继续前进的念头。客观上，詹姆斯那活灵活现的对极地寒冷的可怕描述给那些热情的探险者泼了一盆冷水。

1744年，当英国议会悬赏两万英镑以寻求一条"西北航路"时，人们的热情又一次高涨起来。1788年，库克船长在北太平洋航行途中发现了夏威夷群岛（当时他称之为桑威奇群岛），后来他赶在北冰洋封冻之前穿越了白令海峡，可他并未料到，这次航行竟是导致他丧命的最后一次航行。

1818年时，约翰·罗斯曾经制造了一个持续很长时间的假象——他把极地附近看到的云层误认为是山脉，甚至宣称它们挡住了他的去路，并给它起名为克洛克山脉。这对"西北航路"的探险起到了干扰作用。

即便如此，这之后仍有几批人去尝试，但均以失败告终。1845年，英国海军总部找到了约翰·富兰克林爵士，希望他能够将这个问题一劳永逸地解决掉。当时，海军中一些最出色的水手自愿加入他的探险队伍，但不幸的是所有的人在出发后便杳无音信了。

在以后的十年中，40个探险队相继出发去寻找他们。1854年，约翰·雷亚在与一个因纽特人的谈话中无意地了解到：这位因纽特人曾在冰面上看到40个拉着船走过的白人。然而，直到1859年，一支由利奥波德·麦林托克率领的队伍才发现了一个石堆，在那里他们找到了证实富兰克林已经死亡的证据和他们中最后死去的探险队员的骨架。

在1903年，这条花费了人类400

多年时间艰难探求的"西北航路"才被30岁的挪威人罗得·阿蒙森所发现。当时，他率领六个水手，驾驶着一只47吨重名叫"济奥"的马达驱动的帆船开始探险。他们的船在经过三年的海上挣扎并发现"西北航路"后却不幸在风暴中触礁，于是不得不划着救生艇在阿拉斯加登陆。这位杰出的探险家除了1911年在南极探险中击败斯科特以外，还驾船驶过西北航路，并且成为第一艘飞越北极的飞艇上的第一位乘客，在地球两极至今仍留有他的名字。

悲壮的白令海峡探险

白令海峡的发现者白令，祖籍丹麦，生于1681年，青年时曾任职在荷兰的阿姆斯特丹海洋学院。他精明、诚实、勇敢，颇具进取心。正当才华横溢、抱负远大的白令为无法施展才能而犯愁之际，前来荷兰招募海军人才的俄国军官给他带来了好运。他向俄国军官提出申请，决心到俄国干一番事业。于是，白令顺利地成为俄国海军的军官。当时俄国年届50的彼得大帝野心勃勃，正策划着扩大帝国疆域，并下令海军大臣迅速物色一名世界一流的航海家，率一支探险队向东远征。这一历史重任很自然便落到白令肩上。这就是丹麦人白令领导的俄国历史上一次伟大的探险：设法搞清

亚洲和美洲的交接点。

1725年1月28日，一支白令率领的由33人和15匹马组成的探险队从圣彼得堡出发，跨过乌拉尔山，沿着崎岖的西伯利亚小道向东行进。他们涉过沼泽地，渡过许多的河流，战胜夏日的酷暑和冬日的风雪严寒，历经千辛万苦，行程6000英里(9660千米)，终于到达鄂霍次克海岸，随后乘着自制帆船航行到堪察加半岛，并以此为基地继续探索。

1741年，由于过度劳累，白令的胃溃疡病不断加重，但他以坚韧的毅力忍受剧痛，继续指挥"圣彼得"号帆船寻找美洲的土地。7月16日，位于威廉王子湾附近的阿拉斯加跃入白令的眼帘。十分遗憾的是，恰在这时粮断水绝，白令不得不命令返航。可白令凭着直觉和敏锐的眼力，断定这就是美洲的土地。他凭借西伯利亚土著人关于美洲的传说加上海水中不同寻常的漂流物以及波涛的变化规律，对自己的判断深信不疑，于是一幅逼真的彩色图便在白令手中诞生了。这幅1.8×3(米)的历史见证图至今保藏在圣彼得堡俄罗斯海军档案馆里。图中清楚地显示，图的右边是欧洲和非洲，向左穿过大西洋就是美洲的东海岸，南端为阿根廷，沿着西海岸延伸便到达现在的南加州附近，图的最左边标有堪察加半岛和西伯利亚，代表亚洲。

正当白令准备继续搞个水落石出时，圣彼得堡的统治者散布流言，说白令并未尽全力为沙皇陛下效忠，于是下了一道要白令返回的命令，白令不得不在看到了胜利曙光时违心地回返。按道理，探险队应该从堪察加半岛基地出发后向西航行，沿着鄂霍次克海西岸的西伯利亚大陆循原道返回，可是鬼使神差，"圣彼得"号竟然向北航行，陷入了死亡的境地。考察队员们一个个被维生素C缺乏病击倒，幸亏随船的德国植物学家乔治·乌尔海姆·斯泰勒独具慧眼，从当地土著人没患维生素C缺乏病推断，罪魁祸首可能是食品不新鲜，于是通过狩猎补充了一些新鲜食物，大家的病情有所缓解，白令也慢慢痊愈。11月继续扬帆前行，但冬天已来临，"圣彼得"号被迫停靠在一处水浅而多岩石的海岸边，队员们上岸看一看，不禁惊喜万分，原来这是一个荒凉的四周海域长满海藻的小岛，时有北极狐出没。这就是白令探险队发现的当今世界地图上标明的"白令岛"。探险队马上上岛安营扎寨，正在庆幸能活下来时，又一场更大的灾难降临了。

12月8日早晨，白令尚未起来，他睡的地洞突然坍塌，白令随即被埋在土里。"圣彼得"号大副斯温·感克西尔的回忆录里描述了这场悲剧：白令的下半身全埋在土里，动弹不得，但他还活着，考察队员们呼喊着前来救他，试图把他从土里拉出来，但白令坚决拒绝，他说埋得越深越感到暖和，他宁愿这么埋着。白令似乎感到自己已走到生命的尽头，他就这样静静地躺在地洞的泥土里被死神接走了。白令的生命之光虽然消失了，但他在人间却留下了永久的光辉！

1991年，白令的家乡丹麦霍尔森斯的一家博物馆的考古学家们，发起了纪念白令逝世250周年的活动，他们还想借此机会找到并运回白令的遗骨。十分幸运的是，丹麦考古学家们在白令岛白令遇难处一个沙丘里仅用几小时便找到了白令的遗骨。但由于俄国有关人士出面干涉，他们未能将遗骨运回丹麦，于是白令的遗骨仍然被埋在白令岛。

探险家富兰克林

一个半世纪过去了，人们对于美国探险家约翰·富兰克林之死仍然觉得迷惑不解，扑朔迷离，似乎是一个永远也无法解开的谜。因为，129名身强力壮的汉子，携带着足够食用三年以上的食物、使用装备和物资，却一去不复返，并且无一生还，即使在当时那种情况下，这种惨案似乎也是难以解释的。

富兰克林在他当了七年培斯马尼亚的总督之后，刚刚回到伦敦，已经59岁了，并有新婚的娇妻，按理说应该坐享清福，安度晚年了。但富兰克林并不安于此，而是反其道而行之，坚决要求远航北极，并发誓说：在他心目之中，没有比调查美洲的北部海岸和完成打通西北航线的任务更为迫切的了。

形成鲜明对照的是，这一任务本来是要交给罗斯去完成的，因为罗斯正当壮年，又有丰富的南北极考察经验，而且那两艘船，即"阴阳界"号和"恐怖"号也正是他在刚刚完成的南极考察中使用过的。但罗斯因为已经向妻子保证不再去冒险了，所以便把这一任务让给了富兰克林。

关于富兰克林探险队死亡的原因，人们一直认为是由于饥饿和维生素C缺乏病所致，这是当时唯一可能找到的解释。但是，只要看看他们携带的东西，对于以上的解释就不能不产生怀疑。据记载，当时装船的食品有：61987千克面粉，16749公升饮料，909公升为治病用的酒，4287千克巧克力，1069千克的茶叶，大约8000桶罐头，装有15100千克肉，11628公升汤，546千克牛肉干和4037千克蔬菜。如此丰富的食品供应，怎么会导致饥饿和维生素C缺乏病而使全军覆没呢？

130多年以后，即到20世纪80年代初，加拿大的比特博士心血来潮，忽然又对上述问题产生了兴趣。比特是位法医，专门从事法律人类学的研究。他把富兰克林的悲剧也看作是一场灾难，希望到威廉王岛上搜集可能的遗物和骨骼进行研究，以便对他们的死亡原因做出判断和分析。

1981年6月，比特小组经过仔细地搜集，在威廉王岛南岸海滨找到了31块人的骨骼，散布在一个石头窝棚遗址的四周。经过仔细研究和分析，这些骨头属于同一个人体，年龄在22～25岁之间，是一个青年男子。从保存得比较好的那些骨头的凸凹不平的表面可以断定，在死前的几个月里，这个可怜的年轻人确实受到维生素C缺乏病的折磨。大名鼎鼎的作家狄更斯一直在密切地关注着富兰克林的命运，当听到这一消息时，就曾强烈地反对说："那些船员都是经过严格训练的海军将士，是大英帝国海军的骄傲，所以无论在什么情况下，他们都绝无可能以同伴为食的。"而美国的大法官、国家地理学会主席丹雷走得更远，他甚至认为，富兰克林可能是被当地的印第安人谋杀的。

1982年，第一次微量元素分析结果出来了，比特惊讶地发现，在那位不知名的探险队员的骨骼中，铅元素的含量高达228ppm(百万分之228)，而在同一地点所搜集到的两个爱斯基摩人的骨骼中，铅元素的含量却只有22ppm和36ppm。也就是说，富兰克林探险队员的骨骼中的铅含量比通常情况要高100倍。这一结果立刻引起比特的高度重视。但是，只有一个化验结果很难说明问题。于是，比特拟定了一个大胆的计划，决定开棺验尸。

原来，富兰克林探险队进入北极不到半年，就有三个年轻力壮的船员很快死去。他们的尸体就埋在第一次越冬的那个小岛上。1984年和1986年，比特科学调查小组两次来到这个小岛对三个坟墓开棺验尸。当他们打开死于1846年1月1日当时只有20岁的托令顿的棺材盖时，一个个惊得目瞪口呆。虽然时光流逝了138年，但因冰封雪盖的缘故，那尸体却仍然完好无损、栩栩如生，就像是刚刚死去不久似的。只见他睁着双眼，张着大嘴，看上去真是死不瞑目。其他两个人中有25岁的哈奈尔，死于1846年4

月3日，其状况也差不多，令人看了毛骨悚然，不禁倒吸一口冷气。这三个人本来都是身强力壮的。特别是托令顿，据记载本是一个健康活泼、精明强悍的小伙子，但在出发之后不到八个月的时间里就病入膏肓，一命呜呼，到底是什么原因造成的呢？

待全部化验结果出来之后，富兰克林探险队的死因又有了新的解释，即他们很可能是由于严重的铅中毒所致。在托令顿的头发里，铅的含量高达423～657ppm，其他两位的含量稍低，分别为138～313ppm和145～280ppm之间，同样是相当之高

的。严重的铅中毒不仅损坏人的健康，使人的体能下降，而且还能破坏人的神经中枢，使人的性情狂乱，行为失去控制。在这种情况之下，探险队后来的悲惨结局就可想而知了。

那么，是什么原因引起如此严重的铅中毒的呢？据比特分析，虽然铅的来源可能是多方面的，如来自茶叶的包装铅箔，铅合金的器皿和用铅镶嵌的用具等，但最主要的来源还是罐头食物。原来，听装罐头是1811年才在美国取得专利，作为一种新技术为皇家海军所用。而那时的密封罐头所用的焊料主要是铅和锡的合金，其

中铅的含量高达90%以上。这种焊料还有一个缺点，就是流动性差，所焊的缝隙常常会留下许多空隙，因而导致食物腐烂变质。由此便引起了两个严重后果，一是导致食用者铅中毒，二是有相当大一部分罐装食品很快变质而无法食用。对富兰克林探险队来说，这两个结果都是致命的。

这很可能就是富兰克林探险队全军覆没的最根本的原因。1890年，英国政府正式颁布法律，禁止在食品罐头的内部采用焊锡，但对富兰克林来说，却实在是太晚了。

单身环球航行的老人

65岁的弗朗西斯·奇切斯特，独自驾驶一艘16米长的游艇，从英格兰海岸出发，南下大西洋，横渡印度洋，仅在澳大利亚停靠了一次，就直穿太平洋，一口气驶回英格兰，用了266天的时间航行了近48000千米，创造了当时小艇环球旅行的世界纪录，英国女王为此授予他爵士称号。

奇切斯特年轻时，曾试图环球飞行，但未能如愿，后来他爱上了

航海。还曾经夺得一次横渡南大西洋的锦标，这就又唤起了他环球旅行的愿望。

1966年8月的一天，海浪拍打着英格兰海岸。奇切斯特告别了妻儿，登上了他的"舞毒蛾"号游艇，在欢送出航的炮声中，开始了多年梦寐以求的环球旅行。

航行一开始就碰上了大风，大海翻滚咆哮着，仿佛要向这位倔强老人示威似的。风卷起的海浪狠狠地撞击着船头，敲击着甲板。"舞毒蛾"号像一片小小的树叶，在咆哮的大海中颠簸着，挣扎着。奇切斯特昏昏沉沉地躺在船上，一动也不想动。第五天，风小了，大海开始安静下来，老人检查了一下游艇，发现自控航海装置出了毛病。游艇老是偏航，不得不时时校正它。这样一来，不要说保持航速，就连晚上睡觉也不敢太大意了。他妻子送给他的那个祝愿他好运气的小玩具熊也被风浪颠翻了，这仿佛是在劝他回头。然而，倔强的老人并未屈服，他的小艇依旧毫无畏惧地撞碎了一座座浪山，闯过一道道波谷，顽强地向前行驶。

9月17日，奇切斯特换了件新上衣，穿上了笔挺的新裤子，开了一瓶烧酒，在茫茫大海中的一叶孤舟上度过了自己的65岁生日。就在这天半夜，一场突如其来的风暴把他惊醒。大海发狂似地吐着白沫，游艇几乎是横着在海面上行驶着。浪花溅湿了船帆，老人刚站起来，就被晃倒了，腿也受了伤。风暴过去后，天气变得异常酷热，游艇的甲板被晒得滚烫滚烫，老人和陆地的无线电联系又突然中断了，情况非常恶劣。一天，老人忽然嗅到一股恶臭，一检查，原来是船上带的鸡蛋坏了。老人只好捏着鼻子把它们全抛进海里。不久，船上的淡水又出现了危机，正当老人为此焦虑时，一阵又一阵的暴雨又把老人搞得狼狈不堪。困难一个跟着一个向老人袭来，常常使他应接不暇。但是最困难的还是在"咆哮的南纬40°"的航行。

老人于10月中旬到达南纬40°附近的海域，开始横渡印度洋的航行。一个个像小山一样的巨浪向"舞毒蛾"号涌来，狂风在不时地变换着方向。有些浪头看起来足有12米高。这些浪头以一种吓人的力量摔在驾驶楼上，小艇几乎不是在海面上行驶，而是在骇浪里钻行。更糟的是游艇在风浪中变得更不听话了，就是落下所有的帆，它也总是打横，稍一疏忽，它就可能自己掉过头去。11月15日，那台自控航海装置完全坏了，而游艇所在的位置距澳大利亚还有1600多千米。万般无奈，老人不得不自己搞了个简易的装置，对付着用。几天后，与陆地的无线电联系恢复了，老人与旅途中的妻子通了话，他的妻子正要赶到澳大利亚的悉尼去迎接他。

12月12日，"舞毒蛾"号到达了悉尼。老人受到自己的家属、悉尼游艇俱乐部和一些澳大利亚居民的热烈欢迎。老人用了不到107天的时间航行了22500千米，而他的体重减轻了18千克。当地居民十分钦佩老人的这段经历，盛情款待了他，并告诉他前面的航行会更困难、更危险，劝他就此作罢。可是这位倔强的老人为了创造新的纪录，实现自己环球旅行的愿望，仍抓紧时间修整船具，补充给养，请人修好艇上的自控航海装置。12月29日，"舞毒蛾"号又划开重重波涛，向东驶去。

出发后的第二天夜里，老人又遇上了风暴。四周是一片漆黑，看不见一点星光，大海像开了锅似的沸腾起来，浪涛几乎把小艇翻了过来。被甩下来的餐具和瓶子，重重地砸在奇切斯特的头上、身上。壁橱和抽屉里的东西也全被掀了出来，食物、六分仪、垫子和衣服搅成了一堆，散落在地板上。黄油也翻倒了，和着灌进来的海水流得到处都是。老人一点也不觉得可怕，反倒觉得新鲜。他擦干了溅在电台上的水，跟妻子通了话，又检查了一下游艇，发现只是驾驶楼受了点轻微的损坏，就又回到舱里，坦然地钻进了睡袋，进入了梦乡。

1967年3月19日，"舞毒蛾"号驶近了好望角。早晨五点钟左右，灰蒙蒙的海面显得格外清凉，似乎一切都很平静。于是老人就大胆地调整了航向，准备挨着好望角行驶。就在他下去吃早餐的时候，一个巨浪打进了驾驶台，接着又一个巨浪砸在船头上。航向已偏转了。老人急忙跑上驾驶台，只见里面成了一片水塘，连立足之地都没有了。老人只得站在驾驶座上，调整游艇的航向。这时风越来越猛，浪越来越高。奇切斯特紧紧地把住舵轮，游艇终于在离好望角11千米的地方驶了过去。岸上陡峭的绝壁和水下时隐时现的礁石都看得清清楚楚。这时，老人感到一阵阵恶心，他又晕船了。他在日记中写道："我处于狂怒的风暴中……好望角让我知道了：如果它要干什么的话，它是干得出来的。"

"舞毒蛾"号把南美洲远远地抛在身后，老人此时觉得似乎到了家门口了，其实还有12800千米的航程等着他呢。4月24日，他又一次穿过赤道。炎热的天气像要把他烤化似的，老人只好提起一桶桶海水从头冲到脚。孤独的海上生活打乱了老人的作息规律，他常常饿了就吃，困了就睡，这样来消磨时光。

1967年5月28日，透过朦胧的海雾，老人终于看到了英格兰海岸。前来迎接奇切斯特和他的游艇有几十艘帆船。在帆船的簇拥下"舞毒蛾"号驶进了港口。整个港口像过节一样热闹，欢迎的人群汇成了汹涌的浪潮。奇切斯特老人一踏上陆地，觉得脚下的陆地似乎不像出发时那么平稳了。他使劲跺了跺脚，挺了挺腰板，迈着稳健的步子，在人群簇拥下向前走去。

别出心裁的仿古航行

这次仿古航行是由波利尼西亚航海研究会资助的，也是庆祝夏威夷州建立200周年计划的一部分。用仿造的12世纪的古船来回顾这古老的航线，以了解古代的类似航行是为什么和怎样出现的。在完全不用现代航海仪器的条件下去体验古代的航海生活，了解独木舟的性能，看看它是如何战胜逆风和潜流的。如果成功了，那就可以证明古代波利尼西亚人能够有目的地、反复地航行在这无垠的大洋上。

船是两个独木舟的结合，长18米，桅杆上挂着模仿古船上用的蟹爪形风帆。除船壳外，其余全是仿古的，绳索是根据著名航海家库克的遗言制造的。

波利尼西亚人远航时载着狗、

猪、鸡，于是母狗赫库、猪马科斯威尔以及公鸡母鸡各一只，都被"请"到了船上，加入了这个17人的远航队伍，如何在海上照料它们，也是这次航行的重要研究课题。船上当然也少不了植物：发芽的椰果、南太平洋面包果、甘薯、甘蔗和香蕉，它们都被包在一层潮湿的苔藓里，贮存在船舱中。古代的波利尼西亚人就是这样做的。

按照古代的航海规矩，在启程前夕，举行了一次虔诚的卡瓦酒典礼。这是大家最后一次喝酒。在航行中，酒和女人是被绝对禁止的。由于手表也能起到某种指示作用，所以船员们都摘去了手表。

出发前，莫·皮埃鲁讲了话。他是波利尼西亚航海世家的后裔，航海经验十分丰富。他说："起航之前，请大家扔掉所有可能扰乱航行的东西。一切食物和水都由船长掌握，大家都得绝对服从船长的指挥。只要我们齐心协力，就一定能到达目的地。"

为了跟踪记录和紧急救应，一艘大型机动双桅船"莫泰"号将尾随"霍库利亚"走完全程。"霍库利亚"之间可以通过对讲机进行联系，但"莫泰"号却绝对不能为"霍库利亚"指示方位，提供航海数据。

"霍库利亚"号昂首疾行，阵阵巨浪不时掠上甲板。我们很快发现，不论茅草棚还是防浪帆布罩，都能经受得住海中的大浪。

第一个海上夜晚到来了。我们躺在塑料布或橡胶货物袋上，还有的睡在茅草棚下。母狗赫库蜷缩着钻进了给它特制的睡袋。鸡似乎很满意它们的笼子，安静地趴在那里。猪马科斯威尔则晕船了，可怜巴巴地躺在竹窝里。

莫·皮埃鲁在船尾系了个吊床，他将在那里过夜。但他睡得很少，不时爬起来观看星象，倾听大海的涛声，计算航行数据。在他的家乡萨塔瓦岛，人们在海上泛舟，不用任何航海仪器，这是他们生活中必不可少的一部分。他今年44岁，矮胖粗壮，他的姓"莫"就是"强壮"的意思。他从六岁起就开始了正规的航海训练，18岁成人后，他已是个帕鲁了(即星象航海者)。1974年，他独自一人驾驶一艘九米长的帆船，远航塞班岛，不用任何仪器和罗盘，来回航行了

3340海里。

在波利尼西亚，靠星象航海的技术是保密的。太平洋诸岛的方位和相互间的距离都记在航海者的心里，包括操纵帆船的技术在内，都是祖传的，他们是世袭的贵族，只把这些技能传给自己的后代。

尽管从夏威夷到塔希提对皮埃鲁来说是第一次航行，但他的星象航海术完全可以胜任。我们的队员罗多·威利亚姆斯是塔希提的纵帆船船长，他既懂得星象航海术，又熟悉那一带海域。另一个队员大卫·莱威斯是新西兰人，这个老水手曾与汤加和密克罗尼西亚的航海者共过事，有丰富的地理和天文知识。他们三个凑在一起，将使我们的航行更加稳妥。

皮埃鲁提出，我们先向东北方行驶，绕开毛伊岛和夏威夷岛，然后再调头，朝天蝎座星所指的方向行驶，我们的船头正好对准塔希提的东面，从而避开了把船冲向西边的强劲海流。我们这样做了，船在破浪行驶，我们则忙着计算各种数据。我计算船速的方法是：查数帆船掠过的波浪并默记秒数，七秒表示船速为五节。而皮埃鲁则只看一下掠过船的波浪就算

出来了。

至于纬度的确定，我们每行驶96千米核对一次。当晚，皮埃鲁伸出胳膊对准北极星看了一会儿说："稍稍低于1.5leyass"。leyass等于15°，毛伊岛位于北纬21°，皮埃鲁估算的准确性是多么高啊！

早饭时间到了。大公鸡高声啼叫过后，开始心满意足地啄着人们给它切开的椰果。猪马科斯威尔放开胃口，起劲地咀嚼着鱼干。母狗赫库可没那么大的兴致，它舔了舔椰汁，不高兴地看看渺无边际的大海，就无精打采地钻回窝去了。此时，皮埃鲁已做好了第一顿早餐：椰汁炖甘薯和椰包鸡蛋，我们围过去就大吃起来。

除少量的鲜鱼外，我们还带了大量的椰子、鱼干、甘薯干和发酵的芋头。把食品晒干和发酵是波利尼西亚人传统的贮存食物的方法。

我们分成两班值址，一班由船长卡威尔负责，一班由大副大卫·莱曼带队。皮埃鲁和两名随船摄影师不参加值班。换班的时间由星辰的出没断定。

船抢风行驶了一段时间后，几个船员用拖曳钩钓上来几条30多磅重

的麒鳅鱼。他们把鱼切成薄片，放在椰汁里浸泡，留着日后生吃。其他的则被切成大块，用油煎好，放在酸汁里保存起来。这两种做法都爽口好吃。

5月3日，"霍库利亚"号被信风吹得略偏向东南。皮埃鲁断定我们将于次日到达夏威夷正东。果然，正午时分，高出海平面4023米的夏威夷最高峰毛那基亚峰远远地显露出来。这座披了皑皑白雪的壮丽火山像个威武的哨兵，整个下午都看着我们从它身旁驶过。我们把夏威夷抛到了后面，赢得了大段必须的偏东航程。海风迎面扑来，我们开始了顶风行驶。

"'霍库利亚'号！'莫泰'呼叫！"对讲机突然响了。通话给我们带来的是坏消息。原来，我们的一个船员在出发前得了肝炎，等我们发现时已经起航了。如不采取措施，我们每个人都可能被传染上。

几小时后，一架美国海岸警卫队的飞机来了，给我们投下一个防水密封包裹，里面有丙种血清球蛋白。大副兼船医大卫·莱曼忙着化验取样，准备安瓿瓶和注射器，大家挨个打完了预防针。此时天已黑了，水手布吉抱起吉他，即兴弹起了动听的曲子。

5月8日，我们已航行了一周。天色渐渐阴暗下来，海浪发出了尖叫

声。"霍库利亚"在风浪中艰难地向南行驶着。它前后颠簸，溅碎的浪花扑向它的长身子，冲击着它的每个缝隙。水手布吉除跟皮埃鲁学习航海技术外，还担任了大部分的烹调工作。他往往一连好几个小时盘腿坐在炉边，不时往炉膛里填椰壳。有时炉子不好烧，浓烟呛人，使他很生气。这时，母狗赫库就会跑来，依偎在他身旁。布吉烧饭的本领不错，他常变换做法，或用海水煮鱼干，或用水、椰汁加上芋头、甘薯做汤。

我们在这么长时间的航行中，并不觉得寂寞。观测、记日记、学习、钓鱼，还用椰壳做成各种各样的椰壳碗，生活中不乏乐趣。

今天的帆船与古代的太平洋厚木船相差很大。我们的船是根据库克1770年的图样制作的，他的图样取自夏威夷古代岩洞绘画。那上面有一幅蟹爪形的风帆船航行图，这种风帆是当时的流行式样，当时的波利尼西亚人就乘这种风帆远航。我们仿制的古船操纵灵活，坚固耐用，充分显示了波利尼西亚古代航海家的聪明才智。

第二个星期我们航行得很顺利，每天走6～20千米。在一个乌云密布的夜晚，值班舵手萨姆发现舵很难摆弄，就叫来副手用约三米长的备用桨奋力矫正，但效果不大。直到次日凌晨才找到原因：船头太沉，前舱进水了。待把水抽出去，修补好漏洞后，船又振作精神快速前进了。

接连许多天，许多海燕、海鸥和大灰鲣鸟不时前来拜访我们，跟在船尾悠闲地翱翔、鸣叫。在皮埃鲁的经历中，鲣鸟离岸80千米就很少见了，而此刻我们离最近的莱恩群岛也有1126千米远。

5月13日，我们进入了北纬6°30′的海域。这里，风向反复无常，暴雨短暂而急骤。每逢下雨，我们就拿出竹筒、竹罐接水。在一次瓢泼大雨中，我不小心把装有航海日记的塑料包掉进了海里。水手克利福德放下冲浪板去打捞，表现了娴熟的冲浪技术。

雨过天晴之后，又是强烈的阳光。由于海水的侵蚀和阳光的暴晒，我们的皮肤都起了皱，疼痛不已，我们只好向"莫泰"号提出申请，要来了玉米葡萄糖和红汞等药品。我们的衣服脏了，根本不用洗，而是系在船尾，让它在翻滚的涡流中自动去污。

赤道无风带就要到了，风越来越小，船速越来越慢。船员们面带愁容，随船牧师兼水手布法罗每次饭前都祈祷："上帝，感谢您赐予我们膳食，请再赐给我们一点风。阿门！"

祈祷也没有用，一丝风也没有，船停在原地不动了。为了摆脱这枯燥的生活，大家搞起了各种娱乐活动，一些人跳进海里游了起来，还有几个人潜游到船底，用水手刀刮去附着在船壳上的藤壶，摄影师尼古拉斯则忙着给大家拍照。我们玩得正起劲，防鲨警戒员发现鲨鱼来了，大家吓得慌忙往船上爬。

为了减小船的阻力，我们花了两天工夫拆除了船两侧的防晒棚，改建在船中央。这样果然有点效果，船总算向前移动了，大家的信心也提了上来。就这样，我们在赤道无风带缓慢地行驶了整整一个星期，终于在到达北纬2°时，迎来了东南信风。但这风却使我们有点不知所措，它时常迎头扑来，船不得不偏离航线向西而去。看来，肯定要多跑点冤枉路了。

5月23日下午，船跨过了赤道，我们已走了3200千米，塔希提大约在我们南面1600千米处。好像祝贺我们

驶过赤道似的，一大群海豚出现了，它们在船舷旁跳跃嬉戏，闹个不停，兴高采烈地叫着，好玩极了。母狗赫库却勃然大怒，奔过来大声叫嚷着训斥这些不懂礼貌的顽皮家伙。有趣的是，头几天，当成群的鲣鸟尾随我们时，它也是这样蛮横地吆喝人家的。但当翱翔的鲣鸟突然朝船俯冲下来时，赫库却吓得惊慌失措，赶紧钻进了窝里。

猪马科斯威尔以每天450千克的速度生长着，它的竹窝显得小了。在赤道的阳光下，它的白色皮肤开始变黑了，水手们找了一块破帆布盖在它的窝上。第二天，我们发现它躺在窝边费力地咳嗽着，原来，它吃掉了那块帆布！对这种消化不良我们不知怎么办，好多天都担心它能否活下去。最后，它非凡的体质战胜了死神，又恢复了贪食的习性，大嚼特嚼起来。

向南行驶了一段以后，顺风来了，我们渐渐向东返回。航行很顺利，我们已平安穿过了热带海域的水下暗礁和珊瑚礁。

胜利到达第四周的周末，皮埃鲁测定了一下距离，说我们离土阿莫土群岛289千米，离塔希提560多千米。

距离近了反倒不容易掌握确切的位置，我们是在目的地的偏东还是偏西呢？皮埃鲁提出："我们航向不变，一直到星期四，如果看不到陆地，那我们就在塔希提的南边，应当再向东返回。"大家一致赞同这个方案。皮埃鲁赢得了大家的信任和尊敬。布法罗说："只要皮埃鲁躺下睡觉，你就可以放心去睡；如果他穿上雨衣，那就是说马上要下雨了。"

5月31日傍晚，我们熟悉的东南海流突然消失了。这表明我们已进入土阿莫土群岛的避风处。接着，塔希提水手罗多指着一对高飞的海燕说："你们瞧，我们不久就会看到陆地了！这种鸟离岛飞行从未超过30英里！"

6月1日拂晓，一道黑线出现在船头前方。啊，是个岛！可能是土阿莫土的马他瓦岛。

是马他瓦岛！岛民们也发现了我们，他们热情地引港接待，岛上的150个居民都跑出来欢迎。我们不得不违背起程时的诺言，登陆投进这热情的怀抱。

第二天，我们与好客的岛民挥手告别，奔赴离此270千米的塔希提。成功在望，胜利在前，我们的心情越来越激动。塔希提就在前方，岛上派来迎接我们的摩托艇。艇上的人给我们扔过来法国香槟酒和罐头，还吹起口哨向我们祝贺。我们也兴奋地敲起空酒瓶，手舞足蹈起来。

6月4日清晨，我们驶进了塔希提首府帕皮提。啊！全塔希提都在欢迎我们：港湾里挤满了独木舟和快艇，岸上满是人群。我们永远也忘不了这激动人心的热烈场面。

"好啊，霍库利亚！""万岁，霍库利亚！"人们的喊声响彻海空。

怎样总结这次航行呢？在当今先进航海设备齐全的时代，在大多数人不再沿袭古代航海术的时代，他的技术仍然有着许多可贵之处。

探险者的代价

1991年5月19日，年仅18岁的谢尔盖·切博塔廖夫驾驶小小充气筏驶离堪察加半岛，开始了独身驾筏横渡太平洋的旅行。然而，仅仅过了三天，他与岸上的联络便中断了。

谢尔盖乘坐的是浮动锚充气筏。筏上装备的锚类似小型降落伞。伞伸开在水面上，逆风时它能制动筏。只要拉紧筏上方的帆布，就能起到帆的作用，借助两个浮动锚和帆布充气筏基本上可以迎风前进。在这次独身驾筏航海之前，谢尔盖曾有几次在艰难条件下的试验。其中有一次曾用五天的时间，漂渡了140海里。但

是在航行的第三天，逆戟鲸就对充气筏产生了兴趣。谢尔盖在讲述当时的情况时说："它们常常潜游到筏下，好像要把筏弄翻似的。尤其是在浪大的时候，逆戟鲸似乎觉得筏撞击海水类似它们集合起来杀伤的动物尾翅的运动。筏刚一侧向波涛，停止撞击海水，逆戟鲸就落在了后面。"当波涛加大时，充气筏顺着暗礁旁的水流狂奔。谢尔盖后来在日记中写道：我的心脏一下子屏息不跳了，我连筏一起掉入千米深的浪谷。一瞬间的失重，使人非常难受。充气拱顶向下弯曲，撞击着我的头部，我蜷伏着身子，双手抱着头，接着又是一次非常厉害的撞击……在第五天结束试验时，渔民发现了谢尔盖，将他拖上了船，海上刮起了台风，试验也终止了。

这次，谢尔盖并没有认真吸取那次试验的教训，在没有充分准备的情况下，就决定乘坐充气筏从堪察加半岛航行到加利福尼亚。救生筏上装载了不少东西，仅纪念币就达200千克。出海探险的代价相当大，谢尔盖得想办法赚回一部分钱。为了抵补费用，他决定向美国人出售这些用销毁的导弹残骸制作的纪念币。谢尔盖

还准备了两部无线电导航台，一部用于报告船上一切正常，另一部则用于发生事故时拍发"SOS"信号及充气筏的方位。航行时间估算为4.5~5个月。而在这一期间，橡皮充气筏会不会损坏？谢尔盖不得而知。他感到安慰的是在地平线外可能会有护卫船尾随其后，他猜想一旦发生了问题，他只要用筏上的通信设备呼叫，就会有人来救援。谢尔盖还谢绝了人们为他提供的芬兰生产的救生服装。他解释说：罹难的人未必都有这类服装。

这时，从法国传来了消息：法国也有人计划用四五个月的时间单人驾艇横渡太平洋。谢尔盖为了抢在法国人前独自驾筏横渡太平洋，便于5月19日开始了横渡行动。起航仪式很平常：水兵们将橡皮充气筏放在木质底板上，摇晃着推下海，过了几分钟，橙黄色的小筏就离开了岸边。哭泣了几声的厨娘将旧鞋抛向旅行者——按海上习惯，这样可以平安地完成航程。

开头两天，谢尔盖定期向太空发报。通过通信卫星，把信号传到地面站。由于事先约定只有谢尔盖单方面发报，岸上的人知道他还活着，航行

在继续，人们也就不担心谢尔盖的安全。但是，进入第三天，在规定的时间里，谢尔盖再没有进行发报联络。岸上准备营救的人们立即出动舰船和飞机搜查可能出事的海区，但没有发现橡皮充气筏和谢尔盖。营救工作失败了。谢尔盖无踪无影。

同谢尔盖竞争的那位法国人的情况却完全相反。这位名叫热内尔·德阿博维利的法国人是一位航海的老手，1980年曾在72天时间里完成了横渡大西洋的航程。这次他乘坐长八米的用超轻型和超强度的材料制作的划桨艇。小艇的抗沉性极佳，恰似一个"不倒翁"。小艇在剧烈的海浪中可以始终保持平衡。这位法国人1991年11月出发，历时133天，航行10000千米到达加利福尼亚海岸，成功地完成了横渡太平洋的目标。

谢尔盖的失败和热内尔的成功，告诫人们无论做什么事情，不要凭一时的冲动，在做之前，要想一想，再想一想。谢尔盖凭着一时的激情，不是把航行成功的希望建立在良好的技术装备和周密的准备上，而是建立在盲目的激情上，他既不会游泳，又拒绝了人们提供的救生服装，带的食品又不多，淡水也很少，结果为横渡活动付出了生命的代价。

横渡英吉利海峡的勇士们

横渡英吉利海峡，犹如登珠穆朗玛峰，酸甜苦辣，什么滋味都有。

在结满盐垢的水境，英国探险者墨菲冒着三米高的巨浪，在汹涌的波涛中挣扎，腋下伤痕累累，肩部灼热刺痛，海水无情地灌入他的口中。墨菲在13℃的海洋中待了整整25个小时，眼看就要到达目的地了，但救生艇上的船长担心他难以抵挡巨浪的威力，被迫上艇。这位45岁的英国伦敦电台的记者，已有25次成功游渡的光辉史，这次却败下阵来。与此形成鲜明对照的是，在英国福克斯通附近的莎士比亚海滩边，一位26岁，名叫塔米的金发女郎却幸运得多，她是世界上最优秀的女子马拉松游泳运动员，

紧紧抓住了8月的一个天气晴朗的好日子，仅花8小时32分钟便顺利游到加来附近的格里斯内兹角。1994年夏季对这些以横渡海峡为乐的人来说可谓"福运"，海水特别温暖，海风海浪也特别钟爱这些游渡者，结果在总共24名游渡人中，就有16人安全游完全程，为历史之罕见。

横渡英吉利海峡，最早可追溯到1875年8月。当时，一位名叫马修·韦伯的船长，只身穿一条红绸游泳裤，涂上一层厚厚的鱼油，以21小时45分游过英吉利海峡，一时间成为英雄。从此以后，共有47个国家的近6400人曾试图征服这条神秘的海峡，其中有144位女子和295位男士喜获成功。别以为这是一件容易的事。通常在几年前就要做准备，有时还要在零下10℃的冰水中进行适应性锻炼。例如，法国前国家队游泳队员伯努瓦·瓦森在1993年就因顶不住海峡剧冷气候的冲击而失败，随后他在掺有冰块的4℃浴缸中苦练几月，获得了胜利的成果，一举游完了全程。这位竞技状态极佳的运动员，暗下决心全程均以自由泳前进，争取在涨潮和落潮来临之前，在十小时内到达目的

地。现已29岁的伦敦银行职员艾莉森·斯特里特创造了连续三次不中断游渡海峡的奇迹，她是一位女英雄，同海浪进行了38小时拼搏，而迄今创造这一成绩的男人，全世界也只有两人。

要想横渡海峡，必须有同大自然顽强搏斗的思想准备。因为多佛尔海峡上空是三个气象区的交汇点，风云变幻莫测，堪称"死亡海峡"。例如，1994年7月，英国女强人戴比·赫维特坚持用自由式快速游了十小时，眼看胜利在握，不料七级狂风猛刮，虽然与巨浪拼搏了四小时，她还是被救生艇及时救起。另外，英吉利海峡每天足有500艘油轮和货船驶过，掀起排山倒海的巨浪和漩涡，使人好似掉进一个大型洗衣机中，还有那刺心的大叶藻令人不寒而栗。比晕船还难受的海浪颠簸，如火烧般灼痛的嘴唇和腋窝，这是一般人所难以想象的痛苦。

同其他任何事情一样，横渡海峡也有弄虚作假者。一位名叫罗茜·洛根的女医生为了一鸣惊人，竟巧妙地将绳子系在腰部，另一头则系在救生艇上，结果被人发现，当场出丑。为

防止这类事件的发生，1927年在福克斯通专门成立了一个海峡游泳协会，对每一位冲击海峡的英雄都做出了详细记载，永载史册；协会另一重任是监督游泳者严格按照韦伯船长当年横渡的条件入水，规定不得使用脚蹼，不得穿保暖的橡皮连衣裤，只能穿针织品泳装，身上涂一种由多佛尔药房专门调制的英吉利海峡油膏；对来自南美洲、埃及、印度的温水游泳者，务必在多佛尔港口前冰冷的海水中进行残酷检查测试，以自由式逆流、顺流游6～10小时方可认可。遗憾的是，巴西女子雷纳塔·阿冈迪于1988年游至半途因筋疲力尽加上剧冷而死。她的女教练当时只顾快点出名，根本不管运动员死活，她本来看到25岁的雷纳塔已陷入漩涡被冲得团团转却不去救助，救生艇船长也没发出紧急信号，于是造成这一悲剧。1984年斯里兰卡一位律师库马·阿南丹也曾不幸冻死在海水中。

迄今海峡游泳协会拥有装备先进雷达设备的五艘救生艇，以确保游泳者的生命安全。但总有人相信老渔民的经验，最典型的例子是英国女子彭尼·迪安坚信这些经验，仅用7小时42分创造了游完全程的世界纪录，因为老渔民看准那天绝无大潮汐，恰好护送彭尼一帆风顺地游到对岸。

库斯托传奇

1936年9月一个浓雾的晚上，初露头角的法国海军飞行员库斯托，驾车在法国中部一条弯弯曲曲的路上行驶。忽然，汽车的前灯熄灭了。库斯托紧急刹车，车子随即冲进田里。当这位年轻人苏醒过来时，他发现自己躺在血泊里。

经过医生的精心治疗和长时间休养，他的两条臂膀都保住了。可是，他的飞行生涯就此结束了。然而，这位因车祸险些丧命的飞行员，后来成为世界著名潜水专家。

就在同一年，一位光艳照人的17岁女郎把库斯托迷住了。她叫施梦·梅尔斯华，祖上三代都是海军上将，她也天生对航海非常钟爱。库斯托和她于1937年7月12日结婚。他们夫妇过了几年快乐的日子，一有空就和泰尔叶埃及杜马两人去潜水。他们就地取材，用汽车轮胎制造面罩和蛙鞋，用浇水软管制造通气管。库斯托又花了很多时间缝制了一套橡胶保温

潜水衣。他把摄影机放在一个用衣夹封口的防水箱里，拍摄了他的第一部水下纪录片《在水下18米遨游》。

不过，憋着气拍电影太困难了。"要好好地观察鱼类，"他对朋友说，"我们必须也变成鱼才行。"法国在1940年被德军攻陷之后，库斯托一面为盟军做情报工作，一面试验各种不同的潜水装置。1943年6月，库斯托背着三个氧气瓶，在重压下步履蹒跚、小心翼翼地潜入了地中海。他呼吸时毫无困难，那压力调节器正好满足他的需要。库斯托开心得像个孩子，在水下翻了几个跟头。"我已经把地心引力克服了。"他满怀高兴地在水中想道。他潜到18米深的海底，逗留了大约一小时。

那次潜水可以说是世界上第一套完全独立使用的潜水装置的启用仪式。晚饭时，杜马与泰尔叶埃要求库斯托细说这次探险的经过。"美妙极了，"他说，"我觉得好像是在飞行。"

二次世界大战结束后，他们三人成立了一个"海军水下研究组"，研究的范围很广，包括潜水生理学，以及探索人类在水下生活与工作的方法。

战后初期，海洋学基本上仍只限于在海面观察，但库斯托梦想拥有一艘配备潜水装置的船。1947年，他获准指挥一艘本来属于德国人的旧船。尔后，他来到巴黎，请求法国海军参谋部给他一艘真正的海洋学研究船。他的请求虽然未被批准，但他通过朋友的介绍结识了英国富豪洛尔·吉尼斯。这位富豪被库斯托的热情打动了，他说："我给你2500万法郎，你去买船，然后把船送到我的造船厂，照你的意思改装。"库斯托买了一艘美国建造的木壳旧扫雷艇"卡利普索"号，进行了改装。然后，他回到海军参谋部，说服了上司，拿到了到各大洋进行巡回探测的任务。

1951年，"卡利普索"号装备了先进的导航仪器、观察台、水下摄影舱、潜水钟和绞车。一艘多功能的海洋考察船起航了。它第一次出海是到红海去研究珊瑚礁，库斯托在那里摄制了有史以来第一部在水下46米深处拍摄的彩色电影。其后，"卡利普索"号曾多次招待法国的科学家到地中海和大西洋去进行研究。部分费用由法国教育部承担，法国国家地理学会也提供了大量研究资金。但这些资金仍然不够支付庞大的费用，库斯托夫妇经常经济拮据。他们把结婚礼物变卖了一件又一件，他夫人甚至悄悄地把珠宝首饰也拿去典当。

一天下午，当库斯托在外面筹措资金时，一位身穿整齐西装的男士在"卡利普索"号的跳板上出现。来人对施梦说，"我是达西勘探公司（英国石油公司的附属公司）派来的，想跟你丈夫商量在海湾进行海底勘探的工作。"库斯托回来之后，这位访客立即说明来意："我们公司的董事长看过你写的书《静寂世界》，想让你来完成一项工作。我们对网布扎比海岸外的一处海区拥有采矿权，但不知道那里有没有石油。你有没有兴趣去调查？"库斯托很快就同他签订了合同。

"卡利普索"号的潜水员在鲨鱼与海蛇经常出没的水域工作了三个月，用风钻把海底岩石凿开，获得多种资料样品，达西公司化验分析样品之后，决定在那里建造海上石油钻井平台。八年之后，这个油井每天产油四万多桶。

1955年，库斯托决定用一架水下摄影机摄制一部长度与普通影片一样的电影。他雇了一名刚从电影学校毕业的年轻导演做助手。1956年，库斯托的电影《静寂世界》摄制完成，后来在戛纳电影节赢得了一项金棕榈奖，又在好莱坞获得一项奥斯卡奖。

巴黎海洋地理研究所的路易·费奇教授对库斯托的工作成果十分欣赏，邀请他出任摩纳哥海洋地理学博物馆的馆长。他接受了这份工作，并于1957年从海军退役，当时的军衔是海军少校。库斯托在法国海底研究中心工作了十多年，创造了多种勘探海洋的技术。他与两位工程师尚·莫拉德和安德尔·拉班合作，发明了第一个能下降到水下350米深的潜水器。他设计了几种海底住房建筑。1970年，库斯托应法国政府的要求，开始在一艘名为"SP-3000"的深潜艇上工作。这艘深潜艇能下降到水下3000米的深度。

1965年，库斯托摄制了他的第二部电影《没有阳光的世界》。好莱坞制片人大卫·沃尔帕看了这部影片之后，建议库斯托为美国电视台拍摄环球航行的影片。库斯托采纳了这位制片人的建议，和美国广播公司签订了合约。根据合约，"卡利普索"号于1967年2月18日从摩纳哥起航。这时，库斯托的装备包括一个潜水器、两艘单人潜水艇、几辆运载潜水员用的海底车、15架水下摄影机，另外还有一个由他的儿子菲利普·库斯托驾驶的在拍摄无杂声镜头时使用的气球。这次航行历时4年，经历了许多惊险事件。"卡利普索"号在苏伊士运河遭到以色列战斗机的射击；又有一次，在莫桑比克海峡欧罗巴环礁附近，潜水器受到一条7米多长的巨头鲸猛烈撞击。库斯托曾在好望角附近与一群海狮游泳，也曾在加利福尼亚半岛的海岸外研究灰鲸。1970年9月15日，"卡利普索"号在航行了80多万千米之后，终于回到法国。他的第一部电视纪录片《鲨鱼》于1968年1月8日在美国播出，使库斯托和他的船员闻名世界。

"卡利普索"号的全体船员中，一直拒绝出镜的库斯托大人是唯一没有在电视上出现过的成员。但是，她留在"卡利普索"号上的时间，比任何人都多。"她把自己的潜水装备带到船上"，船员亨利·杰奎尔回忆说，"她参与所有的任务，直到她在1990年12月去世为止。"

库斯托致力于保护环境，而他的儿子菲利普则以精神继承人身份，逐渐接管他原来的事业。菲利普是个飞行员，1978年说服父亲买了一架水上飞机。但一年后，飞机在降落时失事，菲利普当场死亡。库斯托悲痛欲绝，曾声称要放弃探险工作。后来，菲利普的哥哥尚·米歇尔从美国回来。他是电影制作人，头脑非常灵活。由于有他在身边，库斯托再度开始工作。尚·米歇尔又与"库斯托协会"合作，在"卡利普索"号的姐妹船"阿尔西昂"号上拍摄电影。同时，库斯托继续把影片的重点从棕榈茂盛的海滩、可爱的海豹和海豚转移到人类的问题上。

今天，努力保护自然环境仍然是他最关心的事。在过去的10年里，他大声疾呼，反对滥伐森林和用拖网捕鱼等行径。他和他的支持者已在拯救南极的论战中打了胜仗。"如果没有他，禁止在南极从事工业开发50年的条约也许永远不会签订。"美国副总统戈尔说。库斯托也曾多次应美国参议员邀请，就保护环境问题出席作证。他说："今天最受威胁的生物种类，就是人类。"

深海探险之最

最深的海洋下潜创纪录的海洋深潜行动，发生在关岛西南402.33千米马里亚纳海沟的查林杰海渊中，当时瑞士造的美国海军的"的里雅斯特"号深潜器，在美国海军的J·比卡尔博士和D·沃尔什海军上尉操纵下沉到10918.9米深的海底。沉至海底的时刻是1960年1月23日下午1时10分，据测试，水下压力是每平方厘米1187.3 千克(每平方米13085.04吨)，温度是37.4华氏度。下潜需时4小时48分，而上浮则为3小时17分。

海底作业的最大深度是5029.2米，由深潜器"的里雅斯特2"号(由美国海军少校M·巴蒂尔斯指挥)实现。1972年5月20日，该深潜器的作业任务是为安放在夏威夷以北643.72千米处的海底电子设备连接电缆。

由机器人执行的最深的海水打捞，是1985年7月在爱尔兰附近

2042.2米深的海底进行，其任务是打捞两个"黑匣子"。这两个黑匣子装有坠毁的印度民航747波音班机的飞行录音机。这位执行任务的机器人"斯卡拉伯1"号携带一个水听器和一个由水面船拖曳的扫描跟踪雷达。

1942年5月2日失事的英国皇家巡洋舰"爱丁堡"号残物，是迄今为止由潜水员作业获得成功的最深的海上打捞行动。这次打捞是在位于北极圈内的挪威北部巴伦支海进行的。在前任英国皇家海军军官兼打捞指挥M·史·蒂沃特的领导下，12个潜水员使用一只从"斯蒂凡尼特姆"号船(1423吨)上放下的潜水钟，成双作对轮番下潜到244.8米水深处的残骸上作业。从1981年9月17日至10月7日，经过为期40天的打捞，随"爱丁堡"号沉底的460块金锭全部被打捞上来，并且作价分配。2630万美元给苏联，1315万美元给大不列颠。大约3240万美元给打捞承包者，其中10%归"耶瑟伯海上打捞有限公司"，其余归"沃顿·威廉斯"有

限公司。28岁的J·罗塞尔首先摸到金锭。价值7185万美元是迄今收益最多的打捞纪录。

营救"皮希斯3"号潜器是人们获得成功的最深的水下营救活动。1973年8月29日，该潜器在爱尔兰科克东南241395千米海域失事，沉入480米深处，艇上28岁的R·R·查伯曼和35岁的凡马林森被困。三天后，也即9月1日，一只海底电缆铺设船"约翰·卡伯特"号把它拉回水面，陷入困境达76小时的艇员获救。在此之前，"皮希斯5"号，"皮希斯2"号和遥控打捞船"U.S.CUBV"号为这次营救工作做了不少准备工作。

一次无任何设备可利用的最深水下脱险，是1979年9月28日R·A·史拉特在加利福尼亚州卡塔利娜附近海域从触礁失事，沉底68.6米深的潜艇"尼克顿·贝塔"号上自我营救脱险成功。

美国海军能下潜到3657.6米的两艘深水潜艇分别是："的里雅斯特Ⅱ"号(Trieste)和"阿尔文"号(Alein)。前者可载三人，重达303

吨。该艇于1973年11月重新服役。"的里雅斯特Ⅱ"号是在"的里雅斯特"号的基础上改装而成。"的里雅斯特"号曾是一艘打破世界纪录的深潜潜水艇。"的里雅斯特Ⅱ"号没有装备克虏伯公司制造的一种球体,而这种球体曾使得"的里雅斯特"号能够下潜到19017.94米。

危险性极大的屏息下潜纪录,男子是104.9米,女子是45米。男子纪录是1983年12月由法国人J·马约尔在意大利埃尔巴附近海区所创,女子纪录则是1967年9月由意大利人G·特利蒂尼在古巴近海所创。马约尔坐雪橇潜水,下潜耗时104秒,上浮为90秒。

配备有全套自给式水下呼吸器的深潜133.2米的纪录,创造者是美国人J·J·格鲁纳和R·N·华脱生。1968年10月14日,他们在大巴哈马岛的弗里波特近海获得此项纪录。

使用混合气体(氮、氧和氦)的深潜纪录,是在一次为期43天的模拟下潜中创造的,其下潜深度为685.8米。1981年2月3日,S·波特、L·韦时罗克和E·克拉梅尔身居一个24米直径的水密球形容器,在位于北卡罗来纳州达勒姆的迪克大学医学中心创造了这一纪录。

1982年9月28日,P·劳德和5名法国"卡麦克斯"公司潜水员在法国卡瓦莱尔的附近海域从一个位于5008米深的潜水钟中进行了往返的潜水作业。

不用潜水钟的最长的潜水时间是147小时15分,这个纪录是R·英格里亚1961年在美国海军主持的一次试验中创造的。

自携水下呼吸面具,而无水面空气软管相助的情况下,中间无休息的持续下潜纪录是212小时30分,这一纪录则为英格兰伯明翰的M·史蒂文斯1986年2月14日至23日在英国皇家海军水池所创。

持久下潜极容易引起严重脱皮,这是极危险的,但上述两人都没有发生这种不幸。

深海探险史话

浩瀚的海洋，不但给人们以广阔、美丽、宁静的感觉，它的惊涛骇浪，更给人们留下了深刻的印象。然而，在海洋深处，还有一片神奇的世界，却鲜为人知。那里，丝毫没有光线，伸手不见五指，一向被认为是生物的荒漠，是地球上最后一块未开发的领域。正是这个神奇的世界，千百年来吸引着无数探险家，想深入其中，探求它的奥秘，然而终因种种条件的限制，直到40年前才开始起步。

1960年1月23日，美国海军中尉唐·沃尔什和雅克·皮卡尔两人乘"的里雅斯特"号深海潜水器，首次成功地下潜到海洋中最深的地方，

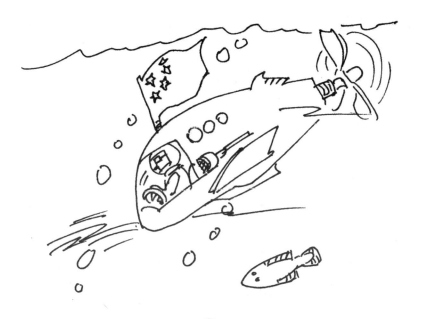

即位于西太平洋关岛附近马里亚纳海沟，深度为10916米的查林杰海渊，在那里意外地发现了一种长30厘米、宽15厘米的比目鱼，从而证实在万米以下的深海底，同样有脊椎动物的生存。从那以后，深海探险活动一度处于沉寂状态。

随着科学技术的迅速发展和人类对自然资源需求的不断增长，深海探险近年来又开始活跃起来。1994年3月，日本的"海沟"号遥控潜水器再次潜入查林杰海渊，拍摄并传回了海洋深处生命的实时图像。而美国"深潜I"号的这次试验，是继此之后的又一次重大深潜活动，被认为是一次"划时代的事件"。

有着"水下飞机"美称的"深潜I"号潜水器，长4.17米，重1317千克，外形酷似一枚鱼雷。与普通潜水器相比，它无须使用压载箱就可以在水下作翻滚动作，宛若一架F-16战斗机在水下飞行，最高时速达15节。更为奇特的是，它不仅具有垂直下潜或上浮的能力，而且可以在海面上"飞行"，这是迄今其他潜水器无法比拟的。1997年它在美国蒙特雷湾水域成功地进行了首次深潜试验。消息传出后，引起世界科学界的极大关注。

与此同时，更先进的"深潜I"号潜水器正在加紧研制。它将使用冷战时期美国海军开发的陶瓷技术，建造能承受20万吨水压的船体，其潜水深度更深，可以一直下潜到马里亚纳海沟——世界上海洋最深之处。

20世纪发明的经过密封增压的潜水服，最大的潜水深度也不能超过439米。直到海洋学家巴顿发明了"深海球形潜水器"，科学家们才有可能向海底最深处发起挑战。

20世纪50年代末，巴顿和动物学家威廉·毕比曾乘坐自己发明的球形潜水器，在大西洋百慕大群岛附近海域进行深潜试验，创造了924米的当时深潜最高纪录。不过，这种潜水器的机动性较差，它只能垂直下潜，无法垂直上浮。

60年代初，"的里雅斯特"号深海潜水器问世，情况才有了很大改变，它创造了载人潜入海底最深处即10916米的世界纪录，从而向世人证明，人类既然有能力登上珠穆朗玛峰，也必然能征服最深的海渊。

"的里雅斯特"号的成功，极大

地推动了深海探险活动的开展。1964年，美国伍兹霍尔海洋研究所研究出"阿尔文"号三人潜水器。几年后，世界上第一只遥控潜水器研制成功。此后，苏联、法国和日本等国家，出于军事或科研目的，竞相研制新型潜水器，这些潜水器上多数都装有先进的摄像设备、通讯设备和机械手等。如法国研制的一种名为ROV6000的有线控制不载人潜水器，可以对广泛的深海海域进行探索。这种潜水器用一根8500米的电动小吊车缆绳与地面相连，重约3.5吨，上面装有六个推进器和三架具有180°摄角的摄像机，能对海底深50米、宽100米的地带进行扫描、绘图和摄像；还能用来收集水流、采集岩石及松软沉积物的标本，为地质学的研究提供极宝贵的实物资料。

目前，世界各国已建成几十种水下装置和水下居住实验室，除用于水下生物观察、地质取样、环境观测等外，还可以用于水下深船打捞、水下工程、交通运载等。一些国家还进行了海底居住实验，人数为一人到多人，时间从几天到几个月不等。

我国也十分重视深海探测活动。根据国家高技术研究发展计划研制的"6000米自动洋底探测系统"，1995年8月17日至9月1日在太平洋深海进行了实验，并获得成功，它标志着我国在深海探测方面已达到国际先进水平。

潜水器技术的进步，开创了深海探险的新时代，深刻地改变了生物学、地质学和海洋学的研究面貌。

此外，由于电磁波在水中不易传播，因而陆地或海面船只与探测器之间的通信联络相当困难，探测器必须能高度"智能"和"自主"地处理各种问题，从而促进了自动化、计算机、水声、深潜、水动力、材料和能源等诸多专业的发展。

海上漂流

1990年1月24日的早晨，哥斯达黎加的渔船"开罗"号出海的第五天，海上风平浪静，船长杰拉多和四个伙伴望着海面，看着船上价值1800美元的收获，都非常高兴。

晚上八点，风浪逐渐增大，船摇摆得很厉害，使人难以入睡。几个船员在祈祷，杰拉多则提心吊胆，担心船会出问题。凌晨四点，杰拉多离开床铺，先到机房听了听主机的运转声，又到船头检查了一阵大喊叫道："网裂了，赶快起来！"四个伙计听到喊叫声赶快从床上起来，准备起网。突然，海面刮起一阵大风，船身一歪，乔奇和帕斯特倒在舱面上，贾安滚到床边，而杰拉多和乔尔则抱在

一起，滚到了舵轮下面。

天亮后，渔船颠簸得很厉害，海水开始不断渗进船舱。他们一面堵漏洞，一面航行。舱室内有五个床位，还有一个食品柜，已挤得满满的。现在由于渗水已有膝盖深，就显得更挤了。外面的海浪太大，海面迷茫一片，什么也看不清楚。杰拉多把舵轮交给乔奇掌握。这时，风越刮越大，海浪猛打着前窗和舱门。突然一个巨浪盖过来，海水灌入船舱，眼见渔船开始下沉。乔奇连声大喊："快来啊，船要沉了！"杰拉多马上呼唤大家，快把门窗紧闭，全力排水。他们进行连续三个小时的搏斗，排出了船舱内的大量积水。

1月27日，由于和风浪激烈搏斗，"开罗"号在航行中消耗油特别多，柴油所剩无几。船长不得不下令关掉主机改用人力划船。

2月11日，船上的饮水不多了。人们每天只能喝一杯水。帕斯特风趣地说："上帝正在考验我们，看我们能否闯过难关！"乔奇一面掌舵一面说："假如没有船来援救，我们活不下去。"说到此，他看到前面出现了两艘船，就大喊起来，同时发出"要水"的信号。可是第一艘船好像什么也没有看到，过去了。第二艘船停下来，一名水手问明情况后，用橡胶软管送来45加仑的淡水。可是船主过来，训斥了水手，船就开走了。

饮水问题暂时得到解决，然而船体渗水却更为严重，他们只得轮流舀水。此时，由于饥肠辘辘，个个筋疲力尽，难以继续舀水。幸好帕斯特在船边捉到了一只海龟，后来其他人也捕到两只，于是大家吃了一顿海龟肉。第二天，他们又捉到了一些鱼类来充饥，几个人的生命就这样维持下来了。

船底渗水是个祸根。船员们每24小时大约要舀出九吨半的海水。杰拉多睡觉时，听到了海水渗进船舱的嘶嘶声，总觉得提心吊胆。船沉也许在所难免。几个人面临着死亡，伤心地谈起来。"不用怕死，"帕斯特告诉乔奇："上帝会保佑我们活下去的。"乔奇却摇着头失望地说："看来我们没有几天了，我得丢下妻子女儿了。"他掩面哭了起来。过了一会儿，乔奇慢慢从口袋中取出笔和纸，写道："3月10日。亲爱的妻：我多么想活啊！但是看来不可能了，希望你照顾好我们的女儿乔娜。"他写完后，把纸条放进一个棕色玻璃瓶里，密封后抛向大海。

时间已到了三月中旬。这天夜里，正逢月圆，万里无云，四周寂静。突然船身一震，只见前面一个褐色的庞大影子向船头袭来。原来，是一条大鲨鱼，它已靠近了船身。乔奇马上通知伙伴，将一些吃剩的鱼扔出去诱开鲨鱼。这件事由杰拉多负责，其余人仍在舱内舀水。杰拉多的投饵取得了成功，那条鲨鱼果然游走了。杰拉多替下筋疲力尽的乔奇继续掌舵。

但是他们的情况并不妙。正在观察的帕斯特大声报告，"快来看，又有四条大鲨鱼向渔船冲过来了。"这时，杰拉多正在用海绵、破布堵漏，忙得难以应付，幸亏其他人急中生智，一齐呐喊，将轮胎像抛锚一样甩出去，才把鲨鱼赶跑。

这天，渔船损坏的部位堵上了，风浪也渐趋平静，情况暂时有了好转。但是，饥饿仍在折磨着他们。一连几天没捉到海龟，人们饥肠辘辘。为了振奋大家的精神，杰拉多指着蓬乱的头发诙谐地说："不想肚子就不饿了。我们来剪头发吧。"说着，他先对着镜子，把长发剪了下来，再让帕斯特帮他修剪干净。为打发时间，他们就互相修剪起头发来了。这样一折腾，似乎肚子真的不觉得饿了。

忽然，乔奇看到一条大尾巴在拍打船舷，就喊了起来："快来看，鲸鱼！鲸鱼！"大家注视着海面，果然鱼尾一拍之后，一个方形的鲸头露出水面，同时水面发出一声巨响。原来那是一条约七八米长的鲸鱼，它正用好奇的眼光望着这条小船上的五个湿漉漉的人。为了防备可能发生的危险，大家马上拿起渔叉。杰拉多说，"朋友，来吧，我们欢迎你！"可惜鲸鱼一闪就游走了。杰拉多放下渔叉说："看来它怕我们。"

到了5月10日，由于没有东西吃，大家身体越来越虚弱，看到海龟从船边游过也无力去捉。这时，人们开始担心，自己会被饿死。特别是乔奇，他怕自己会饿死，就爬到舱底去吃早已腐烂的鱼。他不顾腥臭硬是把臭鱼咽下去，他觉得这样会好些。又过了几天，大家实在耐不住饥饿，就捞漂浮的海草和腐烂的贝类来充饥。更严重的是船上的淡水早已喝完。连续几天喝不到水渴得大家胸口窒闷，喉头冒烟，几乎喘不过气来。这时，帕斯特想起上次剪头发的经验，就说："我们不能等死，大家振奋起精神，一起来修理风帆。"于是，大家

又开始修理风帆，暂时忘记了饥渴。在试帆时，杰拉多顺手捉住了一只游到船边的小海龟，他不顾一切，就用刀割开海龟的喉部，把血放出来。可惜小海龟的血太少了。只够杰拉多和帕斯特喝。

又过了四天，大家饥渴交困，筋疲力尽，都躺在舱里一言不发，任凭"开罗"号载着他们缓缓地随风漂流。

这天大家轮班守舵。杰拉多实在饥渴难忍，不顾劝阻，喝了几口海水，然而不一会儿，他喝进去的水又全吐了出来。饥渴在折磨着每个人。到天快黑时，天下起了雨。雨水在每个人脸上淌着。大家又有活下去的希望，个个高兴地接雨水喝。这时，一只小海龟被杰拉多抓住，大家顾不得用刀切，就用手指去撕，不一会儿，就把一只小海龟吞进肚里。

雨一连下了三天。他们利用船上所有能接水的东西用来接雨水，所有的容器都装上水，够喝几天的了。在以后的五天，他们轮流守舵，又捉到了几只海龟。这样，海龟成了他们维持生命的主要食品。

一天上午11点，正在值班的乔

奇发现一条鲨鱼猛地冲向船舷。大家不顾一切抛出拴在船舷边的轮胎，把鲨鱼赶跑了。危险一过，大家松了一口气。在等待和失望之中，乔奇忽然站起来，他不相信是真的，但还是喊了出来："快看呀，来了一条船！"果然是一艘日本渔船从天水线间慢慢地驶过来，船名是"日内海128"号。这艘渔船是从科森尼马岛驶出，6月14日下午才来到这一海域作业。日本船长山岛发现远处半沉半浮的"开罗"号，认定船上的人遇到麻烦就慢慢驶过来。在距"开罗"号50码处，山岛船长向"开罗"号打信号，询问船上还有几个人？能不能游过来？刚和鲨鱼经过一番搏斗的人怕再

遇到鲨鱼，决定让乔奇先穿救生衣试游过去。乔奇下了水，不一会儿就游到日本渔船边。在离船前，遇难者知道要和自己的渔船分手了，于是主动在渔船底凿了一个洞，让它缓缓下沉。随之他们又将一面哥斯达黎加旗漂浮在海面上，就向日本渔船游去。船员们拍下了正在下沉的"开罗"号的照片。"开罗"号渔船从1月25日到6月14日，在海上漂流142天，创下了海上遇难漂流的世界纪录。在漂流期间，他们喝雨水，吃了约200只海龟和一些鱼、海草，维持生命。这艘遇难渔船漂过了四个时区，近5800千米，最后被人救起。

三个漂流者的奇迹

1981年11月初，法国两个大人和一个小孩乘坐一条长五米、没有甲板的捕鱼小船在比斯开湾捕鱼，在浓雾中迷失了方向。海上一望无际的灰蒙蒙的气团像一只钟罩，把他们与外界隔绝了。船上一无淡水，二无食品，燃料也耗尽了。他们三个人经历了200多个小时的煎熬，靠双手划行了450千米，忍受了种种令人难以想象的痛苦，同死神进行了英勇的搏斗，终于获救。这是一场不寻常的遭遇战，一场人和自然的较量，也是一首意志战胜险恶环境的凯歌。

事情的经过是这样的。

第一天，1981年11月4日，星期三。49岁的咖啡店老板塞尔日·贝桑

塞内带着11岁的儿子让·弗朗索瓦去海上度假，同行的还有塞尔日的老友阿尔贝·塞尔韦的儿子、30岁的贝尔纳。贝尔纳以前曾当过海员，他有一条装有柴油机的捕鱼小船，船名是"马莱"号。

由于他们只是到近海捕鱼，而且下午四点还要赶回来观看足球赛转播，所以他们上船时既没有带食品，也没有装淡水。

午饭后，他们出发了。这天的天气真好，万里无云，海面无风无浪。在一片静谧的海面上，他们三个人专心致志地捕鱼。小弗朗索瓦看到船舱里活蹦乱跳的鱼，甭提有多么高兴了。

可是，他们光顾了捕鱼，谁也没有察觉到海岸早已隐匿到视线以外去了，直到浓雾包围小船时，他们才决定返航。根据罗经的指引，小船在90°～120°之间欢快地行驶着。掌舵的贝尔纳蛮有把握地觉得他们很快就要到家了。

小船全速行驶了两个小时后，夜幕徐徐下垂，可海岸在哪儿呢？贝桑塞内开始不安起来，但又不敢稍露声色，唯恐孩子知道。他凑到贝尔纳的耳边轻声说："没说的，伙计！咱们这下真的迷航了。"贝尔纳摊开双臂，做了个无可奈何的姿势，一句话也没说。可聪明机灵的小弗朗索瓦却早已把这一切都看在眼里，明白事情有些不妙。

到晚上九点的时候，贝尔纳的父亲阿尔贝·塞尔韦还不见小船回来，就向苏拉克舒梅的大西洋监视和救援管理中心报了警。管理中心立即通过无线电向所有游弋在这一带海域的船只发出了搜寻通知。

午夜，塞尔日和贝尔纳认为，与其继续盲目地航行，不如停下来等待天明更为明智。他们抛了锚，可锚放下了100米还不到底。贝尔纳推测，可能是比斯开湾的激流把他们送到了远离海岸的地方。为了求得片刻休息和避开难闻的鱼腥味儿，塞尔日把捕到的鱼全都扔进了大海。

小弗朗索瓦只穿了一条粗布长裤、一件短袖衬衫和一件单薄的夹克衫，很快就冷得打哆嗦了。塞尔日让他钻到船头的狭窄隐蔽处，又脱下自己的上衣给他盖上，困乏和紧张使得筋疲力尽的小弗朗索瓦很快就睡着了。塞尔日身上只剩下一条长裤、一件衬衫和一双皮便鞋，他也冷得牙齿咯咯作响。他是多么羡慕贝尔纳啊，因为贝尔纳既有防水裤和羊毛衫，还有一双靴子。

第二天，从清晨起四条汽艇就开始在被认为是"马莱"号所在的海域里搜索，但浓厚的雾霭却使寻找毫无结果。而"马莱"号上的两个大人此时却在使劲地划着沉重的桨，小弗朗索瓦则靠在舵把上，用脚打着拍子，唱着所有他会唱的歌，以鼓舞划桨的人，因为他们已经没有燃油了。

这一夜，担心被另一条船冲撞的念头搅得塞尔日不得入睡。凌晨两点，他突然跳起来喊道："一条船！就在那边！"贝尔纳立即用最后一点点燃料启动马达，朝着远处闪现亮光的小点冲去。塞尔日一次又一次地点燃求救信号，结果对方却毫无反应，那一簇亮光也很快就消失了。

第三天，星期五的凌晨，天空刚绽出一丝曙光，五架救援直升机和一架单翼机在洋面上来回搜寻，但却一无所获。贝桑塞内夫人焦急万分，由她的哥哥陪伴着来到昂格莱港，而港务当局也只能劝慰她耐心等待。

而此刻，迷航的三个人正忍受着干渴的折磨。他们多么想吞咽几口大西洋的海水啊！可他们还是放弃了这个念头，因为这种又咸又苦的液体并不能解渴。他们的喉咙像纸板一样干硬，舌头被一层厚厚的白色糊状物所覆盖。小弗朗索瓦一声也不哼，他的父亲打量他并问他，"行吗？我的小大人！"他只是面含微笑地点了点头。他笑得那么自然，充满了信心，以致两个大人完全放心了，并从中汲取了新的力量。

第四天，塞尔日和贝尔纳两个人划桨划累了，倒下就睡起来。突然，弗朗索瓦叫喊起来："一条船！我看到了那边的灯光！"两个大人被惊醒了，塞尔日赶忙掏出手帕绑在一根铁棍的顶端，做了一个报警的火炬。他把手帕浸泡在剩下几滴柴油的油罐盒里，点燃了火，张开双臂发出信号。当火炬熄灭时，他用打火机发出一点儿火光，手指又被打火机上的钢轮划破了一个大口子，而那条船还是无动于衷地在远处消失了。

"如果明天还没有人来，"小弗朗索瓦嘬着嘴说，"那我星期一就不能去学校了。"他的父亲把他抱在怀里，亲昵地对他说："放心吧！小宝贝，我们肯定会找到海岸的。"

第五天，星期日的早晨，云开雾散，一轮红日冉冉升起。这可能是第十次了。小弗朗索瓦把钓钩抛入水中，希望能钓到几条鱼，结果却一无所获。快到中午的时候，小弗朗索瓦张开他那干得发裂的嘴唇说："爸爸，帮我把鞋脱下来吧！我穿着不舒服。"塞尔日给他脱了鞋，看到孩子的脚已肿胀得厉害，呈现青紫色。他一边诅咒一边自言自语地说："这是脱水的症状，得把脚浸在水里，再在阳光下慢慢晒干。"从这以后，小弗朗索瓦就像一个瘸子，只能扶着船板慢慢地移动了。但他真像一个倔强的

汉子，从不呻吟一声。

这天下午，塞尔日和贝尔纳之间发生了一场关于往何处去的激烈争论。"我对你说，应该往那边走！"塞尔日大声叫喊着。

"我早对你说过要走这边！"贝尔纳指着相反的方向发怒似的吼道。

小弗朗索瓦见他们俩互相掐住喉咙争执不下，便噙着眼泪说："别这样，我恳求你们别打了！"这一来，两个大人对自己的行为也感到羞愧，便各自到船的一端生闷气去了。

与此同时，那些搜寻者也泄了气。他们认为不可能找到"马莱"号上的人了，贝桑塞内夫人也认为

自己的丈夫和孩子彻底完了，她号啕大哭，被人送了回去。只有那位固执的老海员塞尔韦老爹还在唠叨："只要还没有发现漂流物，就还存在着希望。"

第六天，贝尔纳突然打破了沉默，激动地用一种嘶哑的叫声喊道："看那儿呀！那不就是圣让德吕兹海滩吗！"可塞尔日父子却什么也没看见。起初他们还认为贝尔纳真的看到了海滩，但很快就明白了，他们这个可怜的同伴是被幻觉缠住了。贝尔纳叫嚷着看到陆地了，跨过船沿就要下水，塞尔日迅速跑过去把他按住，这才避免了他往海里跳。

下午，小弗朗索瓦看见一群鲨鱼围着小船游动，心里十分害怕。有几条鲨鱼游得很近，塞尔日不得不用桨推开它们，惊恐的孩子缩成一团，一动也不敢动，直到最后一条鲨鱼的黑鳍在海面上消失为止。

这一夜，温度下降到零摄氏度以下。塞尔日把孩子紧紧地抱在胸前，让孩子的手伸进自己的裤兜里，以便使孩子感到暖和些。几天来，孩子第一次嚷着要妈妈了。

第七天，老天爷像是要更加严厉地考验他们似的，刮起了大风，大海沸腾起来，汹涌的波涛猛击着船体，把他们淋得透湿。船里很快就装满了水，他们就用唯一的一只塑料桶拼命往外舀水。到了下午，弗朗索瓦突然发现水平线上有一条绵延不断的峰峦，"这是比利牛斯山！"他欢快地叫起来，以此显示他的地理知识。塞尔日和贝尔纳看到孩子的坚定目光，不由得激动万分，又重新抓起桨划起来。

小弗朗索瓦想给他们唱歌鼓劲，可他那肿胀的喉咙锁住了歌声，于是他就抓起悬挂在救生衣上的哨子，有节奏地吹起来，哨音里洋溢着信心和力量。

可船走得太慢了，他们划了三个小时，海岬还是离他们远远的。到天黑时，海岬又根本看不见了，他们累得倒在船板上大睡起来。第二天醒来一看，海岬早已消失得无影无踪了。懊悔、失望、泄气一齐向他们涌来，他们再也鼓不起劲儿来了。更糟糕的是，船桨也不知怎么丢了一只。小弗朗索瓦被折磨得只剩下皮包骨了，又发烧打寒战。父亲十分揪心，后悔不该带孩子来，他偷偷准备了一条绳子，心想要是儿子一死，他就用绳子把孩子同自己绑在一起，跳海自杀。

第九天，一阵模糊不清的马达声突然把塞尔日从昏迷中惊醒。他大声喊道："一条船！有一条船！"这回他看清了，在离他们几百米的水面上，有一条拖网渔船，惊喜万分的塞尔日发疯般地挥动着他的救生衣，放开嗓子呼救。小弗朗索瓦也被惊醒了，他想站起来，却又像一个布娃娃似的倒下来了。

那条船又开走了！塞尔日和贝尔纳垂头丧气地凝视着远去的船影，获救的希望又一次从他们眼前溜走了。"这下可真的没救了！"塞尔日一边哭泣一边喃喃地诉说着。可他刚说完了这句话，那条船就猛地改变航向，朝他们开过来。

这是一条西班牙的渔船，船名叫"佩德洛"号。船长乔里·罗德里格看到了他们，便把船开了过来。他俯身看了一下蜷缩在积水里的孩子，问道："死了吗？"

"不，不过，请快一点！"

"佩德洛"号的船员们立即下到船上，把孩子抱起来，用被子裹着，送上大船。又把塞尔日和贝尔纳也送上了大船。乔里·罗德里格用无线电通知距离此地27海里的拉斯特斯港港务当局，告诉他们找到了这三个遇难者。

下午四时，当"佩德洛"号靠岸时，几乎全城的人都来迎接他们，还送来了热汤、被子和钱。上岸后，塞尔日十分艰难地来到电话机旁，给他妻子打电话："吉莱特吗？我是塞尔日，孩子得救了！"说完，他就痛哭起来。

三位遇难者立即被送往医院，那是一幅多么可怕的景象啊！三个人的脸部和手上的皮肤被海水和太阳灼烧得完全龟裂，已经化脓了，胳膊和腿肿得发亮，塞尔日和贝尔纳的体重减轻了近20千克。弗朗索瓦的伤势最重，他在医院待了三个星期，出院后又治疗了好长一段时间。

事后，据港务局的调查报告说："马莱"号上的罗经装反了，因而导致了180°的差错，结果造成受难人在九天里背向海岸游历了450千米。

居心叵测的印度首航

当哥伦布在西班牙女王的支持下于1492年完成了西航，到达了"印度"，即美洲大陆后，葡萄牙国王慌了手脚。葡萄牙与西班牙两国在瓜分世界未知大陆的问题上发生了分歧。在这种背景下，葡萄牙国王开始积极地去继续迪亚士的未竟事业，真正打通绕过非洲大陆南端到达印度的航线。一位名不见经传的年轻人瓦斯科·达·伽马受命率领一支探险船队去完成这一历史性任务。而最先到达

好望角的航海家迪亚士却被指派去监造探险用的船只。

1497年7月8日，达·伽马率领探险船队离开了里斯本，向非洲大陆南端驶去。他的船队除了迪亚士为他督造的两艘适用于航海探险的船外，另外还有一艘叫"贝里奥"号的帆船及一艘没有起名的运输船。达·伽马以"圣加布里埃尔"号为旗舰，船长则是一位有丰富航海经验的冈萨鲁·阿尔瓦利斯。在"圣拉斐尔"号上，达·伽马的哥哥保罗·达·伽马任船长，这是经达·伽马亲自请求后而得到任命的。显然，达·伽马的哥哥是个没有航海经历的纨绔子弟。整个船队共有160人，配备三名翻译，其中一名通晓非洲黑人的班图语，另外二人则是

阿拉伯语翻译。船员中还有经国王特许派到船上执行危险任务的十几名死囚犯。

船队在非洲大陆西海岸的北部海域航行时，迪亚士驾驶着一艘轻快帆船伴随着船队向前行驶。十天后，先是一场大风随后又是浓雾弥漫，四艘船走散了。7月26日，失散的船队，在佛得角群岛附近海域汇合，并在这里补充了淡水与食品。11月初，探险船队抵达圣赫勒拿湾。在这里，船队第一次上岸进行探查。11月22日，船队绕过好望角。25日驶进莫塞尔湾。在12月25日圣诞节这一天，他们到达南纬31°附近的一段高耸的海岸，并将之命名为圣诞节，就是今天南非的纳塔尔省的沿海地区（"纳塔尔"的葡萄牙语的意思就是圣诞节）。从此，探险船队进入了印度洋，在非洲东部海岸海域继续航行。

1498年1月11日，达·伽马船队到达一条大河河口。这里的土族人是黑人，属班图族的一个分支，此时，达·伽马的班图语翻译发挥了作用，远道而来的欧洲人与当地土著人的关系相处得十分友善。探险队在离这不远的另一河口获得了许多新鲜食品，

从而控制住了航海探险的大敌——维生素C缺乏病的蔓延。2月24日，船队离开了这块被达·伽马称为"好人国"的地方。3月2日到达莫桑比克岛的莫桑比克港。这里是阿拉伯人来往于印度、波斯、东非等地的主要中转站，居民大都信奉伊斯兰教。当达·伽马到来时，当地人起初还以为他们也是同宗教信仰的商人，因而给予了热情的接待。但很快当地人便发现他们是信奉基督教的异教徒，派来的向导也逃走了，双方开始处于敌对状态。达·伽马为了夺取淡水与食品，用炮火轰击城市，吓走城里的居民，并在港口进行抢掠，把抢来的东西平分给每个船员，以资鼓励。

4月中旬，他们到达位于南纬4°的肯尼亚的蒙巴萨港。这个港口城市的统治者对达·伽马采取戒备的态度。达·伽马见势不妙，用严酷的刑罚拷打抓来的两个阿拉伯人使他们致死后，驾船离开了蒙巴萨，并一路抢劫阿拉伯商船。4月15日，达·伽马到达马林迪。马林迪的统治者与蒙巴萨的统治者是敌对的双方，企图与达·伽马结盟来对付蒙巴萨，因而热情接待了达·伽马，并给达·伽马派

来了一位名叫艾赫迈德·伊本·马德内德的阿拉伯领航员，这位阿拉伯领航员领着达·伽马的船队从马林迪出发(4月24日)，乘着印度洋季风，非常顺利地横渡了印度洋。5月28日，船队到达印度西海岸的卡利卡特港的锚地。至此，一条绕过非洲大陆、横渡印度洋的航线终于被全线打通了。

8月29日，达·伽马满载香料与宝石的船队踏上了归程，船上还关押着几名卡利卡特城的官员，以用来证明他们确实到达了印度。1499年1月7日抵达马林迪港，一路上已有数十名水手因患坏血症而死去。在这里补充了给养后，达·伽马又匆匆上路了。13日，到达蒙巴萨港附近，由于水手人数不足，无法继续驾驶三艘船航行。达·伽马下令放弃"圣拉斐尔"号，将货物与船员转移到其他两艘船上。2月1日，船队抵达莫桑比克，在这里，"圣加布里埃尔"号与"贝里奥"号走散了。1499年7月16日，"贝里奥"号在科埃略船长指挥下首先回到里斯本。9月1日左右，达·伽马驾驶着另外一条轻快帆船也回到了里斯本。这期间，他的哥哥保罗·达·伽马病逝于亚速尔群岛

的特塞腊岛，而达·伽马作为旗舰的"圣加布里埃尔"号已经在圣地亚哥岛时就移交给若奥·达·萨指挥了。这艘船在达·伽马回到里斯本后不久也胜利返回。

历时一年多的对"东方航线"的探险结束了，去时四艘船，回来时只剩下两艘船，去时的160人，回到里斯本时，人数不到一半。达·伽马能完成这次探险，得助于两个人：一位就是上面说的，为探险船队督造适用船只的迪亚士；另一位则是将船队领航过印度洋的艾赫迈德。

达·伽马的探险为西方找到了一条通往东方的航路，其意义与哥伦布首航美洲开辟大西洋航路是一样的。从此，西方殖民者开始了他们疯狂的殖民扩张，世界进入了一个新的时代。

1502年，达·伽马曾率领由15艘船组成的船队第二次驶往印度。这次的航行，一点航海文明也不讲，一路上烧杀抢掠，是典型的海盗行径。由于他为葡萄牙殖民扩张立下汗马功劳，1524年被封为印度副王，1524年12月死于印度的柯钦。

麦哲伦的航行

费尔南多·麦哲伦是世界著名的航海探险家之一。他率领船队到东方的"香料群岛"探宝，实现了人类首次环球航行，为地圆说提供了确凿证据。欧洲人对太平洋的认识也是从麦哲伦的航海探险开始的。在这之前的1512年9月，西班牙的航海家从大西洋穿过巴拿马海峡来到太平洋上，于是，他给太平洋命名为"南海"。这个名称被欧洲人使用了很久，直到麦哲伦的船队穿过了这片巨大的水域，麦哲伦才给它起了太平洋的名字。

麦哲伦是葡萄牙一个没落骑士的儿子，24岁踏入航海生涯，曾随葡萄牙国王派遣印度的首任总督亚尔美达的船队远征，出航印度。从此，麦

哲伦在海外漂泊了整整八年。他到过非洲东海岸、印度西南海岸以及马六甲城(今新加坡)和马来群岛。后来，麦哲伦成为一名航海经验丰富的船长。

1515年，麦哲伦制定了一个穿越大西洋，横渡大南海(当时称太平洋为大南海)的环球远航计划，但是，由于当时的葡萄牙国王伊曼纽尔对麦哲伦的航海计划不感兴趣而被搁置起来。两年后，麦哲伦为实现自己的理想，来到西班牙的塞维利亚城寻求支持者。后来，在朋友的帮助下，麦哲伦认识了西班牙负责对外贸易的"印度院"重要官员阿朗大。1518年3月18日，由阿朗大带着皇家天文学家鲁伊·法利罗和费尔南多·麦哲伦一起，谒见了西班牙国王查理一世。在宫中，国王对麦哲伦的计划非常感兴趣，并表示大力支持麦哲伦的这个航海计划。为什么西班牙国王查理一世对麦哲伦的建议如此鼎力相助呢？原来，西班牙与葡萄牙为了争夺海外殖民地和海上霸权产生纠葛。为解决两国间的矛盾，于1493年在教皇亚历山大六世的仲裁下，两国同意在亚速尔群岛以西大约100海里处画一条分界

线，分界线以西所发现的土地属西班牙，以东所发现的土地则属葡萄牙。次年，两国又对该界线重新画定，这就是后来人们说的瓜分世界海洋的"教皇子午线"。麦哲伦的探险航线是越过分界线以西，前往马鲁古群岛(当时称香料群岛)为目的，这正好迎合西班牙国王的胃口。所以，西班牙国王当即同意为麦哲伦组建探险船队。随后，国王与麦哲伦、法利罗签署了关于发现香料群岛的协定。

麦哲伦用西班牙政府交给的五艘小型帆船和从各方面召集来的260名水手，组成了一支环球航行探险船队。1519年9月20日，船上载满食品和必备的物资以及小商品，从西班牙塞维利亚城的外港起航。麦哲伦在旗舰"特里尼达"号(110吨)上指挥船队。率领着"圣安东尼奥"号(120吨)、"康塞普逊"号(90吨)、"维多利亚"号(80吨)和"圣地亚哥"号(73吨)向加那利群岛驶去。但是，可悲的事情发生了，临行前，那位贪生怕死的皇家天文学家法利罗在开船前躲起来了，不敢随船队去探险。

麦哲伦的船队在海上颠簸航行了两个多月，渡过了大西洋，继续沿着

巴西海岸向南行驶。他们又经过将近两个月的煎熬，希望发现新的陆地，但是毫无收获。悲观失望的情绪在探险队中蔓延。船员们在葡萄牙国王派遣的奸细的挑动下，纷纷要求返航。其后，以"康塞普逊"号船长凯萨达为首发动哗变。在这种严峻的对峙下，麦哲伦始终表现得比任何人都要果敢坚强。他毫不留情地当众处死叛乱的为首者，以此教育那些参与叛乱的人。在最危急的关头，叛乱者中的一名舵手埃尔卡诺竟把炮口对准旗舰"特里尼达"号，麦哲伦毫无惧色，在处死叛乱匪首之后，见这个舵手有悔过自新之意，当众饶恕了他。

叛乱被平息下来了。麦哲伦随后命"圣地亚哥"号在船队前探航。但是，不幸的事又发生了，"圣地亚哥"号触礁沉没，一名水手丧生。就是在这种情况之下，麦哲伦也没有动摇自己的决心，继续指挥探险船队沿岸南下。1520年10月21日，船队在南纬50°处发现了一个宽广的海峡口。麦哲伦意识到，探险队能否越过这道海峡，开辟一条沟通大西洋和"大南海"的新航线，这是实现环球航行计划的关键；接着，他指派"圣安东尼

奥"号和"康塞普逊"号朝分叉口东南探航，"特里尼达"号和"维多利亚"号沿西南方向探航。几天之后，这四艘船再汇合在一起，讨论如何继续前进。大家认为，沿西南流向的航道较为可靠。于是，船队在湍急的水道里又航行了几天。这几天，风大流急，险情一个接着一个。悲观的情绪又在船员中抬头了，这时，在"圣安东尼奥"号的西班牙贵族安插的奸细哥米什乘机发难，策动水手劫船逃跑。"圣安东尼奥"号被叛乱者劫持，掉转船头返回西班牙。现在，麦哲伦只剩下三艘船了。然而，麦哲伦仍以顽强的斗志，指挥探险者们与大风浪作斗争，继续深入海峡。他们熬了整整28天以后，于1520年11月28日，驶入到风平浪静的"大南海"。人们为了纪念麦哲伦的业绩，以"麦哲伦"为海峡命名。

船队通过了海峡之后，平静地航行了110天，麦哲伦把这个极为罕见的海洋称之为"太平洋"。可是，探险船队又遇到更大的困难，由于船员们受断淡水和绝口粮的威胁，十多人因断粮断水，身体虚弱而身亡。探险船队的生存危在旦夕，直至3月6日，

探险船队才看见陆地。船靠上岸，许多当地土著人为远方客人送粮赠物，同时，这些土著人也毫不客气地搬走船上的用品。在语言不通，又互不了解的情况下，双方发生流血冲突，显然，麦哲伦的探险队敌不过众多土著人的进攻，探险者们惊恐万分，匆匆忙忙撤离海岛。麦哲伦对岛上的居民十分反感，他称这个海岛为"强盗群岛"，这个群岛实际上就是今天的马里亚纳群岛。3月8日，船队来到今天的菲律宾群岛中的胡穆奴岛。后来，又转到马索华岛、保和岛、宿务岛。最后，麦哲伦企图组织探险队洗劫马担岛村落时，被岛上的土族居民用毒箭射死。今天，菲律宾人在麦哲伦登陆的地方竖起一块碑。这块碑不是为纪念麦哲伦而建造的，而是为当地居民抵御外来侵略者保卫家园而设立的。

1522年9月初，"维多利亚"号在埃里卡诺指挥下，历经千辛万苦终于驶进了出发地圣卢卡尔港。当这艘船经过瓜达尔其维河时，沿岸居民和水手们都在问"这艘破烂不堪的船是从哪里来的"，因为"维多利亚"号的名字早已被人们所遗忘。在西班牙，人们都认为，麦哲伦的船队早已船毁人亡了。远航探险队在出发时有五艘船和260名水手，如今只剩下一艘船和18名水手。这次环球探险航海历时1080天，航行了46280海里。

麦哲伦的丰功伟绩远远超过同时代的任何航海探险者，有谁再想完成他那样伟大的业绩，就只有去再探索了。所以人们称麦哲伦是第一个拥抱地球的人。

南极大陆的发现

早在公元前二世纪，希腊天文学家、地理学家希帕库就提出，已知的大陆极其广袤，且都在北半球，南半球绝大部分是海洋。因此，他推断南半球也应该有块大陆，否则，地球无法保持平衡(地球其实并无这种平衡的必要)。公元一世纪的罗马地理学家庞蓬尼·麦拉赞成关于南大陆存在的设想，指出南大陆地区与北极地区一样，因严寒而无人居住。公元二世纪时，埃及的希腊天文学家、地理学家革老丢·托勒密把这块大陆绘入了地图，注出的拉丁文地名为Terra Australis loeognita，意为"未知的南方大陆"。托勒密认为，南方大陆非常大，几乎填满了南半球。文艺复兴开始后，托勒密的地球学著作被重新"发现"，译成各种文字，激起了人们寻找南大陆的热情。这是探讨南大陆的早期阶段。

地理大发现开始并取得最重大的成就后，法国地图学家让·斐纳在1531年绘制出版的世界地图中重新画出了南方大陆，并把"未知的"一词删去。此后，许多航海探险家不断去寻找这块南大陆。17世纪初，欧洲人

逐步抵达和发现了澳洲。不过，最初人们都以为它就是近两千年来一直推测的南方大陆，并以为南方大陆一直延伸到南极。在澳洲的发现过程中，荷兰航海家塔斯曼的贡献最大。他在1642～1644年的航行和探险中，基本上环绕澳洲大陆进行探险航行，查明澳洲不是南极大陆的一部分，也不靠近南极大陆，而是一块独立存在的新大陆。此前人们在这一海域发现的海岛和陆地，都是这块新大陆的组成部分。由于荷兰人在发现澳洲过程中的作用和在这一带的殖民扩张，荷兰人所取的"新荷兰"一名与"南方大陆"一名并存了很久。1802～1803年间，英国海军军官弗林德斯完成了环

绕澳洲航行，进一步证明了新荷兰是一块完整的独立的大陆，他于1814年建议，把这块新大陆定名为"澳大利亚"，将表示大陆的"特拉"也简化掉。他的建议被英国驻澳总督采纳。于是，原来表示南大陆的"南方"称谓作为地名——"澳大利亚"，这是当时人们发现的最南面的陆地，用现在的眼光看，这是一个误称。因为南极洲尚未被发现。以上近三个世纪的航海探险考察构成探索和寻找南大陆的第二阶段。

澳洲被发现后，欧洲的地理学家认为，澳洲最南端才达到南纬38°，距南极极顶还有52个纬度，在如此浩瀚的水域里，应该还有新大陆。

于是学者们在"北极"，即arctic的面前加上反意前缀anti，写成Antiarctica，表示这块未知的大陆，意为"北极的对面"，即南极洲。当时还有人传说，南极洲地下蕴藏着许多金银宝藏。于是，探险的精神，求知的欲望，猎捕鲸、海豹、海象等南极海洋动物的经济利益和开发南大陆的理想，推动着各国航海探险家不断向南大洋——南冰洋(实际上是太平洋、印度洋、大西洋三大洋汇合后的大洋)挺进。从而开始了探寻和发现南大陆的第三个阶段。

1821年1月，俄国航海家别林斯高晋和拉札列夫率领的两艘探险船首次在南纬66°半的南极圈内发现了面积为250平方千米的彼得一世岛。接着，他们又在南纬、西经约70°地带发现了大片陆地。他们以当世沙皇的名字命名，称为"亚历山大一世之地"。但是，美国人却认为，美国捕鲸船船长巴梅尔先于俄国人50天发现了该地。俄国和苏联学者对此说法断然否认。而大多数学者，包括《大英百科全书》1974年15版"南极洲"词条的作者均认为，别氏等人很可能

最先在南极地区实实在在地看见和发现了这块陆地。最初，人们都以为"亚历山大一世之地"是南极大陆的一部分，125年后的1946年经美国人考察，才弄清楚它是南极洲的一个大岛，面积约4.3万平方千米，它与南极大陆边缘还隔着一条好几十千米宽的海峡。

不管怎样，在南极圈内发现大片陆地的喜讯激励着航海家探险家们冒着严寒，不避艰险，继续向南进军。1840年，英国探险家罗斯第一次看见、发现了南极大陆，1898年，挪威探险家鲍尔赫格列文第一次登上了南极大陆。1911年12月至次年一月，挪威探险家阿蒙森、英国探险家斯科特相继到达南极极点。至此，绵延了两千年的重大地理疑案终于完全了结。南大陆——南极洲水落石出，"冰化"地现，显露出庞大的身躯，成为地球上的第六块大陆(亚洲、非洲、北美、南美、澳洲、南极)和第七个大洲(亚、欧、非、北美、南美、澳、南极)。人们两千年来对南大陆的探讨和寻觅胜利结束。

极地探险的壮举

在20世纪初的南极探险活动中，英国著名探险家欧内斯特·沙克尔顿和他的探险船"持久"号是令人难忘的。虽然沙克尔顿不是首次登上南极点的勇士，也没有实现他横穿南极大陆的理想，但是，他和他的同伴进行的那次失败的南极探险旅行，在人类征服南极的历史上堪称一次壮举。

1874年沙克尔顿出生在爱尔兰的一个富有的农场主的家庭。中学毕业后，曾在一家海事船运公司做见习水手，从此便深深地爱上了航海，并决心终生从事航海事业。后来，他参加了著名探险家斯科特的探险队，乘"努力"号赴南极探险。这次探险活动的目标是，向南极点逼近，不过，年轻的沙克尔顿没能实现这个愿望，因为他途中染上坏血症，不得不离开探险队，回到了英国。沙克尔顿壮志未酬，但他确立了一个信念：总有一

天，他要率领探险队去征服那个令人神往的冰雪世界。

1907年，沙克尔顿身体已经完全恢复健康。他凭着曾做过斯科特船长的探险队员，自行组成了一支探险队。1909年1月，沙克尔顿探险队向南极挺进。一路上，猛烈的极区暴风雪几度使探险队陷入绝境，加之食品不足，队员们体力不足，又有人受伤，只好收兵回师。这次探险虽然没有到达目的地，但他们在南极大陆上顶风冒雪，忍饥挨饿，向南极腹地跋涉了2700千米，这在当时探险家的行列中是成绩最为显赫的。

1911年12月14日，当沙克尔顿听到阿蒙森探险队首次成功地到达了南极点后，确立了新的探险目标，他要率领探险队徒步横穿南极大陆，从南极大陆的一端走到另一端。

1914年10月，沙克尔顿率领他的探险队员到达阿根廷的布宜诺斯艾利斯，他计划从这里出发，实现他多年的夙愿。探险队乘坐的是一艘坚固的木壳帆船，船名叫"持久"号。船长弗兰克·沃斯利有丰富的航海经验。探险队先乘船到达大西洋的威德尔海，在那里登陆，开始穿越南极大陆的探险旅行。他们计划用五个月完成探险任务。11月，"持久"号抵达福兰克群岛中的南乔治亚岛，经过几天补给休整，继续前进。航行第三天，"持久"号进入浮冰海域。起初，"持久"号还能左闪右躲，在浮冰中挤出一条航道，慢慢前进。但是没多久，越来越密集的冰块堵住了前进的道路。最后，被大块大块的浮冰紧紧地围困住，无法航行，只好随冰漂流。这时，"持久"号离登陆地点只有25海里，但因被浮冰围住，无法行动。沙克尔顿意识到，船再也无法航行了，唯一的办法是就地准备越冬。就这样，原先还在海上航行的"持久"号，现在成了探险队的"越冬船"。

由于探险队带的食品、燃料比较充足，队员们的身体也还好，南极的冬季总算平安度过了。第二年四月，"持久"号开始随着浮冰向南漂移，不久，冰面上随着噼噼啪啪的爆响声，裂开了一道道裂缝，解冻的季节终于来到了。然而，冰的解冻带来了新的麻烦：船的周围冰越来越薄，人无法在冰上行走，也无法狩猎获取食物。船四周的冰块磨碾挤压，船体在冰块挤压下，出现裂缝、漏洞，直至后来人员已经无法继续留在船上，被迫弃船到较厚的冰块上安营扎寨。

第二天一早，沙克尔顿组织探险队员们把船上的救生艇卸下来，然后利用救生艇把船上的物品搬运到约九海里之外的一块又大又厚的浮冰上，建立营地。根据经验浮冰越老就越结实，沙克尔顿判断，这块浮冰起码形成两年以上。大家给这个新"家"起了个新名字，叫它"大洋营地"。人们一次又一次地从"大洋营地"返回"持久"号，希望把更多的补给品搬到"大洋营地"去。总算走运，他们把好几桶黄豆、果酱和猪油等生活用品运回到"大洋营地"。终于，"持久"号因进水太多而沉没了。

没有过多长时间，"大洋营地"所占据的浮冰也开始破裂。到12月底，浮冰破裂得愈加厉害，沙克尔顿决定撤离"大洋营地"。探险队员们只好带着能带走的物品开始了艰苦的冰上跋涉。后来，终于又找到一块较老的浮冰，暂定为自己的新营地，大家叫它"大西洋营地"。但是，好景不长，"大西洋营地"周围的情况越来越不妙了。浮冰挟带着碎冰块发生

互相错动，浮冰上的裂口越来越大，看来，把救生艇放到水里已是刻不容缓了。沙克尔顿把队员分成三组，分别乘三只小艇，开始了茫茫冰海上的漂流。1916年4月的一天，探险队员们登上了象岛。到此，沙克尔顿和他的探险队在南极冰海上已整整漂流了497天。这在人类航海探险史上最为罕见的。

在象岛上，探险队员们不能坐以待毙。看起来，要想获救，只能靠自己。沙克尔顿挑选了四名身体强壮的队员，经过两个星期的海上颠簸，找到一个海湾，又经过长途跋涉，看到一艘捕鲸船。在智利政府的帮助下，人们用了100多天时间，分几次把其他遇险人员全部救了出来。这次举世瞩目的远征虽没达到目的，却向世人证明：一个人只要有坚强的意志强烈的求生愿望，就能战胜种种意想不到的艰难险阻，摆脱厄运。正是沙克尔顿的这种坚忍不拔的精神，使得他们成为那个时代传奇式的英雄。他们不畏艰险的品格成为世人学习的楷模。在沙克尔顿的身上，人们看到这样一个事实：一个近乎悲剧的事件，最终变成了一个辉煌的胜利。

猖狂的北欧海盗

公元8世纪末至11世纪中叶，是斯堪的纳维亚海盗对欧洲各国进行海上贸易和抢劫商船的活动时期，从海洋探险的角度来说，也是进入掠夺性海洋探险时期。北欧海盗几乎成了整个欧洲地区一个可怕的灾难。

北欧海盗大多是诺曼人（北方人）。北欧在欧洲北部的日德兰半岛，而这个半岛介于北海与波罗的海之间，也位于海峡附近的丹麦群岛和斯堪的纳维亚半岛的南岸、西岸地区。由于北欧进入铁器时代比较晚，大致是在公元前800～前400年。这么看来，在北欧海盗活动时期，农业生产依然相当落后，即使在风调雨顺的丰收年份，所产所收的粮食也还是不能满足需要。为求生存，诺曼人主要从事畜牧业和渔业。为了寻找鱼群和海兽，又逼得诺曼人必须进行远航，这就促使了诺曼人努力发展造船业和

航海技术。大约1000年后，伟大的无产阶级革命导师恩格斯对此曾做过精心分析，他指出：诺曼人的船可不一般，绝非普通的"脆弱的帆船"，恰恰相反，诺曼人的航海造船技术可以说是引入了一场全面的革命。他们的船是稳定的、坚固的海船，龙骨凸起，两端尖削，诺曼人在这种船上大都只使用帆，并且不怕在波涛汹涌的北海上遭受暴风雨的突然袭击。而诺曼人们则乘这种船进行海盗式的探险，东面到达君士坦丁堡，西面到达美洲。这种敢于横渡大西洋的船只的建成，在海洋航海事业中引起了全面的革命，因此还在中世纪结束以前，在欧洲所有的沿海地区就都采用新式尖底海船了。诺曼人航海时所使用的船大概不太大，排水量无论如何不超过100吨，有一根或者最多两根张着纵帆的桅杆。而且航速快，还灵活。

再说，从海洋的地理环境来看，斯堪的纳维亚半岛地处北欧的巴伦支海、挪威海、北海和波罗的海之间，东北部与大陆相连，其间又没有明显的自然界线，也正是由于这漫长的海岸线，正好给那些诺曼人海上活动提供了良好的环境。这里需要交代的是，北欧海盗只是西欧人对这些诺曼人的称呼，而在东欧，人们则称他们为由瓦人。

诺曼人中的贵族儿子们在自由民中大肆招募军事新兵，并率领他们到欧洲的"粮食生产国"进行海上掠夺性的海上探险，这些新兵的头目称"科农格"，意思是"海上之王"。

北欧海盗中的科农格有时也打扮成商人模样，假惺惺地用毛皮和鱼类换取粮食和其他产品，显然是不等价的交换，他们也从事奴隶买卖。诺曼人早已打听好，在欧洲的一些地区，奴隶是最值钱的商品。不过，这些诺曼人大多数的情况下是赤裸裸的海盗行径，拦截过往商船，进行掠夺，甚至毁坏沿岸地区的村庄和城镇。

北欧海盗只是一个统称，其实有好几股海盗，各有其势力范围，有丹麦海盗、瑞典海盗和挪威海盗之分，各有各的海盗活动。从其活动的路线来看，可分东、西两路，西路的丹麦和挪威海盗，主要向不列颠诸岛扩张

掠夺。东路的瑞典海盗主要向俄罗斯发展。

北欧海盗异常凶猛，不仅善于航海，更善于海战，远航掠夺时往往数百条船同行，简直不可一世。

至于北欧海盗的活动，究竟始于何时已无从可考。但在海盗时代发生了一件令欧洲人无法容忍的惨案，在《盎格鲁撒克逊的编年史》中有记载："793年6月8日，异教徒掳掠屠杀，残酷地摧毁了林第斯法恩岛上的上帝的教堂。"这一惨案震惊了整个西欧和基督教会，后来史学家就把这一天认为是北欧海盗时代的开始。

在北欧海盗中，丹麦海盗最猖狂，11世纪初，丹麦人就像秋风扫落叶那样席卷欧洲，即使对自己的伙伴挪威海盗与瑞典海盗也不客气，挪威人与丹麦人曾为争夺英格兰而反目，但为丹麦人所败。到了1016年，丹麦国王斯万的王子克努特大帝的疆土已扩大到包括丹麦、挪威、英格兰、苏格兰大部和瑞典南部在内的领土，建成了威赫一世的"北海大帝国"，正可谓是"皇恩浩荡"了。这是北欧海盗最鼎盛的时期，可见北欧海盗具有多大的势力，给被占领的各族人民又带来多么深重的灾难。

海盗毕竟是海盗，本性难移。以武力、高压手段来控制，帝国岂能维持长久。一般地说，即使做海盗，也得有个江湖情分，兔子还不吃窝边草呢！丹麦人对伙伴挪威人、瑞典人也不客气，根本不顾"生死之交一碗酒"的江湖情义，把他们的领土也一起列入自己的版图。实际上，"北海大帝国"从成立之日起就矛盾重重，处于不安定之中，这个大帝国终于在1042年瓦解。寿终时，才共计26年。正是：寿夭多因非正义，海盗罪孽人皆诛。

自"北海大帝国"瓦解后，北欧海盗就从此一蹶不振，到了1066年，最后一批大规模的挪威海盗的首领哈拉尔德在远征英格兰时，遭彻底失败，从而结束了北欧海盗时代。屈指算来，北欧海盗在海上活动竟长达约三个世纪。

航海家亨利亲王

从葡萄牙人在地理大发现时期海洋探险的史实来看，其探险方向都是出大西洋而向南航行，至于为什么做此选择，显然，葡萄牙的国君若奥和三太子亨利亲王是经过精心考虑的，也许这是唯一的选择。

自《马可·波罗游记》（也称马可·波罗《东方见闻录》）传到欧洲，在欧洲人中产生巨大的反响。《游记》记录了他在中国和途经中

亚、西亚和东南亚许多国家的情况，特别是对关于中国部分的描述，使欧洲人大开眼界。欧洲人这才知道，宇宙世界并非只有地中海，天外还有天，人间还真有天堂，中国还真迷人，怎能不叫欧洲人垂涎三尺呢？《游记》详细记载了元朝盛世的情况，包括政事、战争、宫廷秘闻，北京、太原、杭州、苏州、扬州、开封、成都、昆明、泉州等历史名城和巨大商埠的繁荣景况，书中还把中国的科学技术、育蚕缫丝、制盐、造纸、使用货币、桥梁、宫廷建筑艺术、城市规划、市政管理、社会救济、植树造林等方面的成就和经验都做了简要的描绘，甚至连宫廷里制造冰激凌的技术与秘方也是这时传到欧洲的。

那时，葡萄牙国君就已拿定主意，向西绕非洲前往神秘诱人的东方。不过，这时的葡萄牙皇室里，还有一位年轻人更按捺不住自己激动的心情，他欲往东方的焦急之情远远超过若奥国君，那位年轻人，就是后来在推进海洋大探险中起了十分重要作用的葡萄牙国王的三太子——亨利亲王。

在亨利亲王26岁那年，实现了在十字军时期葡萄牙圣殿骑士团的继承者基督军士骑士团的梦想，真正地成了可以叱咤风云的基督骑士军团的领袖，也有了大笔大笔的收益。亨利可以从中提取巨额的财富用于支持他开创的航海事业，从这一层意义上讲，以后凡由亨利陆续派出的海洋探险，其沿非洲沿岸的航行，无疑也是向伊斯兰帝国进行宗教战争的有效手段，更是亨利作为骑士团领袖所执行的一个双重使命。

亨利并不是一位航海家，根本没有远航过，但他却懂得航海技术的重要性，他兴办航海学校的一个最直接的目的，就是要通过当时所能聘请到的天文学家、地理学家、航海学家以及各种工艺技术专家的探索，务必要把天上的海图摘下来，也就是说，要把古希腊学者早就提出来的尚处于"神秘化"的理论变成适于航海的实用技术。

诚然，兴办航海事业那是以后发生的事，对于刚进入休达城的亨利来说，还只是满足于当一个勇敢而受人尊敬的骑士。他在逗留于摩洛哥期间的所见所闻中，有关摩洛哥以南的非洲腹地的情况引起了他很大的兴趣，特别是关于廷巴克图的未知世界，促使亨利终身立志于非洲探险。后来的事实证明，亨利亲王远征休达以及在摩洛哥的这一段生活经历，对他以后获得航海家的桂冠产生了十分重要的影响。

廷巴克图在马里境内，亨利显然是获悉了关于迦太基人曾经在廷巴克图进行黄金交易的传说。当然，当时的人们已经知道，欧洲没有金矿，但欧洲少量的黄金供应正是从廷巴克图附近上沃尔特地区用大篷车通过撒哈拉沙漠运来的。其实，他们并不知道矿源确切的位置，只知道大致的方向。

为了寻找黄金，仅仅这些兵力显然还远远不足，无论如何得去寻找传说中的基督教王约翰长老，与他结为盟友来抵抗穆斯林，这样就可以使非洲黑人都信奉基督教。但"约翰长老国"究竟在哪里呢？当时，欧洲人普遍认为这个神秘的基督教帝国在中国或在中国附近，但自从马可·波罗返回热内亚后，看来这个帝国既不在中国也不在印度，尤其令人奇怪的

是，亚洲民族对此竟一无所知，于是就推测这个传说中的国家在非洲。到了亨利时代，这个帝国已隐隐约约地涉及了信奉基督教的阿比西尼亚——埃塞俄比亚的尼格斯(皇帝)。然而，无独有偶，恰恰在不久前，在撒哈拉沙漠西部出现过一个强大而寿命很短的非洲帝国，而亨利亲王则阴差阳错地把这两个帝国混为一谈。但有一点是亨利深信无疑的，那就是从非洲西岸不远的地方一定可以找到这个基督教王。

亨利确实是下定了决心，他抛弃了舒适的宫廷生活，以全身心的投入来揭开这个传闻中的非洲之谜。

亨利离开了里斯本，定居在葡萄牙西南靠近圣文森特海角上的萨格雷斯半岛，于公元1420年前后，在那里创设了一座天文台和一所航海学校，还有地理研究机构。

自航海学校建立以后，亨利就把与他素有往来的或有真才实学的一些著名的天文学家、航海学家、地理学家、数学家请来这里工作与讲学，其中有意大利人、阿拉伯人、犹太人。亨利要求他们把希腊、阿拉伯人科学研究与发现的成果应用于航海，努力

改进罗盘，建造船舶。在这里，学习、研究空气很浓，有关航海的各种问题都认为是科学知识，进行广泛而有组织的研究。此外，他还采取了很多重要措施(其中的一部分大概相当于现在提出的科技政策)来迅速提高科学技术水平。他提出，凡是对天文学、测绘学、地理学、航海学、几何学、医学等各学科，在推动学术的振兴上做出贡献的学者，像测绘海图，创制与改进航海仪器上有贡献的技师与工匠都给予优厚的奖励。亨利的这些措施大大推动了航海和造船技术的发展。

为了完成嗣后开展的海洋大探险，对创建航海学校，亨利确实是下了最大的决心，可谓"矢志不渝"。自此之后，他严格过着禁欲的生活，尽管对外，他穿着亲王的服饰，而贴身的内衣，始终是粗布衬衫，以明其志。

亨利毕竟是有追求、有事业心的人，说亨利对科学"充满了纯真的爱情"，对印度"满怀甜蜜的幻想"，也许是亨利那一时期内心世界真实的写照。

亨利监造的船只就设在离此不远的拉古什港，他在这里培养和造就大

批训练有素的航海者、士兵、商人和传教士参加海上远征。

亨利亲自创建的航海学校开办不久，远征队就传来捷报，两位船长扎尔科和特谢拉在马德拉群岛中发现了波尔士——散土岛，从此揭开了地理大发现的序幕，那是在1418年。

亨利听此消息，欣喜若狂，第二年又派遣远征队出海远航，结果发现了马德拉本岛，其实，该岛曾经为热那亚人发现过，只是年代已久，早已被人遗忘而已。按照那时葡萄牙封建制度的传统，亨利把该岛封给了两名发现者。这真是天上掉馅饼，一夜间，两名发现者由凡夫谷子变成一国之君，带着家眷、移民和牲畜高高兴兴地到岛上去当国君了。由于马德拉土地肥沃，气候宜人，风调雨顺，人畜两旺，很快富了起来，不久开始产糖、造酒，以致在亨利逝世以前，就向葡萄牙缴纳了大量的赋税。

在15世纪20年代，葡萄牙人对地理大发现的进展并不大，那时老国王若奥还健在，他可能还不太赞成这种耗资巨大的远洋冒险，但在此之前的十年间，至少有两件事对亨利的未来事业产生过重要影响，促使亨利对航海事业的决心越来越大。其一是，著名的犹太人制图学家贾·克雷斯奎从马略卡来到了葡萄牙，大致在1375年左右绘制了名为《加塔兰地图》的世界海图(又译名为《加塔洛尼亚地图》)。据说克雷斯奎的父亲也是著名的犹太人制图学家，他们父子俩当

时显然已收集到几乎所有关于地球的已知资料，其中还包括一些曾一度被发现过，以后又被遗忘的亚速尔群岛的资料。《加塔兰地图》的出现在地理学、海洋学、地图学上都堪称是一件了不起的大事。因为要绘制世界地图，实际上就是要在地图上反映从各文明古国产生直到15世纪为止的漫长的历史时期中，要仔细地收集从各文明民族在古代文化发源地以外的广大地域，特别是海域的许多发现，和长期积累的十分丰富的地理学的知识，其中最重要的是形成大地球形的概念。须知，直到1409年，也就是亨利亲王15岁时，被湮没了1000多年的古罗马大学者托勒密的《地理学指南》才被译成阿拉伯文，大地球形学说才得到传播。该《指南》共八卷，是一部绘制地图理论、方法和资料的汇编，托勒密首先设计圆锥投影和用经纬网格绘制地图，用普通圆锥投影绘制了世界地图，在图中，绘制较正确的是地中海周围一带地域。可惜，在亨利有生之年并没有看到《地理学指南》八卷的全部。据后来得知，附在书内的27幅世界地图和26幅局部的区域图，在佚失数百年后，于1475年才从阿拉伯文献中辗转译印出来，那时，亨利已离开人间15年了。尽管在托勒密的世界地图上对于东方的中国、印度和南半球的大陆都是根据传说和想象绘制的，但亨利仍然迫切地希望得到《地理学指南》的全部，在他的心里，"托勒密"几乎成了"地图集"的代名词。

亨利心里也明白，尽管从《地理学指南》中知道地球是球形的概念，但迄今为止的学者，有谁能直接证实地球真实的形状呢？几乎没有人来精确地完成测绘地球大小，以及海、陆和岛屿的分布的大业。在《地理学指南》中，有六卷是用于记载8000个经纬度，但托勒密也明确地指出，仅仅有350~400个点是实测的。因此，按此应用于航海还很不实际。

亨利显然十分庆幸得到了《加塔兰地图》，该图不仅绘制精确，在该世界地图中所反映的内容确实是最新最全的。举一个例子也许会更清楚些。无人不晓的马可·波罗是中世纪意大利杰出的旅行家，长期在中国游历，受大汗宠信担任宫廷要职后，由于蒙古公主阔阔真下嫁给波斯的伊儿汗为王后，马可·波罗一家奉命护送，1292年从福建泉州港起航，经现在的越南、马来西亚半岛、苏门答腊、爪哇、斯里兰卡、印度等地，最后把公主送到波斯呼罗州。而马可·波罗自己则在返乡途中由于遇到很多不幸，遇匪遭劫、被俘、入狱等灾难，返回威尼斯时已是1299年了，所以他的《马可·波罗游记》的出版至少在1300年之后。那时，《马可·波罗游记》尚鲜为人知，也未出版，更未流传。而贾·克雷斯奎在出版他的《加塔兰地图》时，已经在该图中相当认真地反映了在该游记中所介绍的中国和亚洲的内容，可见克雷斯奎了解世界资料之全、之新、之快。

亨利慧眼识真金，他深知《加塔兰地图》的价值。得到它，无疑使亨利未来的宏图大业如虎添翼，有了它，未来的大业可以说是完成了一半，好长时间里，他美滋滋地这样想。

在得到《加塔兰地图》后，亨利又多了个心事，《马可·波罗游记》又在哪里呢？

亨利从学者那里还得知，直接用于海上服务的海图大概在1300年左右就已出现了，那时绘制地中海区域的海图是一种称之为"波特兰"（航海方位）型的海图，也是历史上出现得最早的海图。这种图上绘有以几个点为中心的罗经方位线。但这只是一种航海上应用的绘图技术，而在亨利看来，更多需要的是反映在海图上的未

知世界。

另一件大事是，亨利长兄佩德罗王子在经过欧洲和近东一些地区的几年旅行之后，收集到了很多地理资料，特别是他在意大利威尼斯期间，收到了两件宝贵的礼物，一是亨利亲王梦寐以求的《马可·波罗游记》，另一件是一张世界地图。

大概在1431年，亨利的一位船长卡布拉尔发现了亚速尔群岛最东面的福尔米加群岛，一年后又发现了其中较大的群岛之一圣马利亚岛。亨利凡是听到新的地理发现，除无比兴奋外，都指示移民，繁殖牲畜与开垦，以此扎根占为葡萄牙的领土，圣马利亚岛发现后，立即要求船长组织移民定居。此后的几年间，又相继发现了亚速尔群岛的其他一些岛屿。此处应该指出，这些发现都得益于克雷斯奎所提供《加塔兰地图》的影响和启示，亨利的心里当然比谁都清楚。

1441～1442年，亨利派遣了贡萨尔维斯和特里斯唐乘船驶过布兰克角，从北回归线附近回国时带回海豹油和海豹皮，还有些奴隶，但他们对亨利要寻求的有关基督教约翰长老的知识和消息依然含糊其词。不过

他们在与当地土著人做交易时却弄到了一些金子，这使葡萄牙航海者兴奋起来，于是他们立即去追踪寻找那产金子的地方。不久，葡萄牙人越过布兰角，意外地发现了阿尔吉姆岛和阿尔吉姆湾，他们在那里发现了一个绝好的避风良港，并和当地的摩尔人做交易。

1442年，罗马教王给葡萄牙国王一道谕旨：凡是在博哈多尔角和印度之间可能发现的土地，都赐予葡萄牙专利权。这一"福音"使亨利喜出望外，从而对未来的事业更加充满信心，更加大胆。

自此，在半个多的世纪里，地理大发现不断掀起高潮。

1445年贡萨尔维斯到达佛得角，此处以什么命名呢？在到达以前，据说这里终年烈日当空，湖水沸腾，土地一片焦灼，传说得很可怕。其实，事实正相反。贡萨尔维斯发现，此处树木茂盛，郁郁葱葱，一片碧绿，于是冠名佛得角，这是葡萄牙语"绿色之岬"的意思。

这一年迪亚士还首先与一个真正的黑人地区塞内加尔进行接触。

1478年，葡萄牙航海家贡萨

尔维斯越过赤道；1482年卡奥到达刚果河口；1485年，南进到鲸湾；1482～1488年葡萄牙人迪亚士南进到非洲西南岸；1488年他作为西欧人首次发现非洲南端的"暴风角"（后来，葡萄牙国王认为越过"暴风角"，就会露出曙光，为纪念亨利的功绩，更名为好望角）。在这次航行中，迪亚士立下汗马功劳，但由于粮食缺乏，不得不在阿鲁加克湾返航。

1497年7月，葡萄牙人达·伽马率几艘船只绕过好望角，逆着强大的莫桑比克海流北上，巡回于中非东岸赞比西河河口，以后又从这里出发，乘西南季风航行了23天，于1498年5月20日到达印度果阿附近的卡利卡特，终于实现了航海家亨利亲王的愿望，开辟了连接大西洋和印度洋的航路，使梦想成真。

1502年，达·伽马再次率领由20艘船只组成的船队远航，1524年，伽马率领3000士兵分乘15艘船只，第三次出征后到印度西海岸开辟殖民地。总算在香料之国婆罗多有了基地。

亨利的航海事业所以能十分活跃，还得益于长兄佩德罗在统治期间对他的支持，佩德罗有意让亨利垄断

博哈多尔角以南的航海事业，并免除他向国王缴纳的任何收益，以至能在短短的几年里，葡萄牙的航海家一再沿非洲沿岸突进，把探险活动一直伸展到黑人地区几内亚，仅仅在1446年就有51艘葡萄牙舰船到达几内亚。根据黑人学者威·爱·伯·杜波依斯的统计，从1450～1458年，大约每年有10～12艘船只驶往几内亚，运走的沙金价值达200万美元以上。诚然，在地理发现的同时，葡萄牙人也在那里贩卖奴隶，这种不人道的买卖自然也

激起了黑人的愤怒，从而导致了流血和悲惨事件。其中一例的记载是，特里斯唐到达佛得角以南约180英里处的一条河口探险时，他和绝大多数的水手在黑人的毒箭下丧生。有的探险船甚至一去不返。

亨利死于1460年，自这位亲王1415年夺取休达之后的绝大部分时间是在开创航海事业，屈指算来，已整整45年了。应该说，在葡萄牙的历史上，亨利是起过极重要的作用。他培养和造就了一大批富有经验的航海家，从而使葡萄牙的商船队一跃而成世界上首屈一指的船队。亨利派遣的探险队占领了东大西洋海域上四个面积相当可观、位置又十分重要的群岛：亚速尔群岛、马德拉群岛、加那利群岛、佛得角群岛。只是在加那利群岛的占领上，葡萄牙与西班牙产生了旷日持久的争执，最后才转让给西班牙。佛得角群岛占领了约五个世纪，于1975年独立，更名为佛得角共和国。前两个群岛至今还归属葡萄牙。这几个群岛的发现对当时的非洲的探险活动具有特别重要的意义。

从另一个角度说，地理大发现在促进欧洲的资本原始积累和世界市场的出现，开始殖民掠夺的同时，也大大促进了西欧各国经济的繁荣与发展，并且通过海洋，把近代西方文明传播到全世界。

从这一意义说，在实现地理大发现中，亨利兴办的航海事业是有过巨大贡献的，因此，尽管他未曾亲自出航探险，历史上，还是把"航海家"的桂冠献给他。

欧亚海上航线的探险者

严格地说，开通欧洲至亚洲的海上航线是一群探险者，甚至是几代航海探险者的功绩，其中迪尼斯·迪亚士(Dias. Dinis)，他是受亨利国王派遣，前往非洲各国、中东开展贸易的船长之一。但历史上总是把第一顶桂冠加在非洲最南端好望角的发现者、葡萄牙航海探险家巴托罗梅乌·迪亚士的身上。

自从迪奥古·卡奥越过南纬20°

的非洲西海岸后，葡萄牙国王若奥二世继续非洲南下探险的决心更大了。由于远航路程越来越长，条件越发艰苦，所以当若奥二世决定再次在非洲沿岸探险时，除派遣两艘各为50吨的军舰外，另外又配备了一艘专门装载粮食、淡水的宽体运输船，这艘运输船的确是相当破，破损程度简直可以随时扔掉。实际上出航时已有所考虑，那就是在船队返航时，如有必要，留下船上的铁器即可，至于破

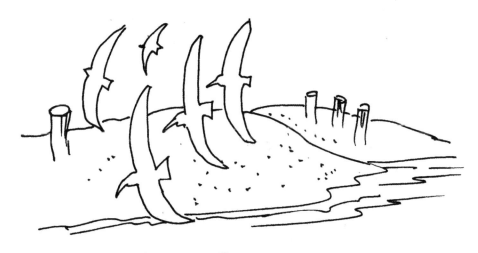

船，允许烧掉处理。

关于这次航行的船队组成，编年史学家若奥·德·巴罗斯有明确记载："有两条船是武装船，性能稳定，配有重型武器，另一条装满了极多的补给品，因为过去许多船只都是因为没有补给而不得不返航的。船长的职务授给了巴托罗梅乌·迪亚士，他是若奥阁下家族里的一位绅士，是这条海岸的发现者之一。"与迪亚士在同一条轻便多桅帆船上的还有引水员佩罗·德·阿伦克尔，另一条的船长是若奥·英方特，他是一位年轻的骑士，他的引水员是阿尔瓦罗·马丁斯，那条摇摇晃晃的运输船船长是迪亚士的弟弟佩罗。三条船的人武装编制是五六十人。乘客中有六名非洲人：两男，四女。这是由著名的迪奥古·卡奥在发现刚果、安哥拉时从非洲带回的。这回，葡萄牙人聪明多了，不是把俘虏都当劳动力，或让他们皈依基督教，而是给他们以优待，让他们充当翻译，总之，让他们中的部分非洲人返回部落，去宣传，去做工作，为葡萄牙宣传，为葡萄牙人树立一个"和平、友善"的对外形象。这次放回来的四位非洲人，几乎成了

葡萄牙人的使者，几位非洲妇女都衣着漂亮，并带上了黄金、白银和香料等货样。实际上，让她们如此包装返回非洲，葡萄牙人还另有目的，那就是，除为今后非洲贸易递上敲门砖，并取得非洲部落首领信任外，还想通过她们做内线，去打听寻找约翰长老国的消息。葡萄牙人以为，选非洲妇女充当这样的角色很合适，因为在人们心目中，女人通常都是弱者，不会卷入部落之间的战争。

迪亚士于1487年8月离开里斯本，在南下航行途中，葡萄牙人在非洲西岸的一个要塞米纳进行了停留与补养，嗣后又航行到了安哥拉海岸安哥拉达·阿尔迪亚斯，所以在此停留，因为这里是迪奥古·卡奥抓非洲俘虏的地方，让两个带来的非洲人在此回家。为了便于探险，迪亚士的运输船在此抛锚，因为这里有大量的鱼和淡水可以补充。船上留下九个葡萄牙人看守。

以后的探险比较顺利，在经过南纬22°时，看到了由卡奥在克罗斯角最南端所立的标桩，之后沿遍布沙丘、十分贫瘠的土地绕行。在此后的航行中遇到南大西洋的大浪不得不在

沃尔维斯湾抛锚避风。待滔天大浪肆虐之后，他们发现，这里原是一个五英里长的半岛，还是各种鸟类栖息的好地方，有敢于在汹涌波涛上飞翔的海燕，有敢于贴着海面低空巡游的海鸥，有在霞光中抖擞着翅膀，在头雁的率领下，排成人字形、彼此互唤着、豪迈地掠空飞行的群雁，在碧绿的水面上空展翅翱翔的水鸟，还有那鹈鹕、火烈鸟以及还有不少说不清名字的大群大群的海鸟。

迪亚士等正为观赏这些鸟类看得入迷时，突然发现有几只海鸟被长弓

箭射下来。嘿，这真是好箭法，正当在欣赏箭法时，他们又看见不知从哪里出来的几个土著人到这里来放牛牧羊。为了不伤害他们，迪亚士等只是追踪几个土著人的足迹去寻找其居住地。果然有所收获，他们发现这里是非洲南部霍屯族人的居住区，其居室很有意思，是一种用牛皮搭起来的圆锥形的小包蓬。

迪亚士在这里避风休息，停留了好几天。后来，他们又航行了两个星期，顶着猛烈的南风，逆风前进，终于很费劲地在卢得立次湾抛锚，在这里，他们把其中的一位非洲妇女放上了返回家乡的海岸。

迪亚士最后一次看到非洲西海岸的陆地，大概是现在的开普省塞达尔堡北边陡峭的红色马奇卡马高地，实际上，离葡萄牙很多航海者为之长期奋斗探寻的非洲之角只差不到200英里了，尽管迪亚士并没有意识到。

迪亚士看到马奇卡马高地确实也已很不容易了。原因是，自离开多里斯山之后，就一直在与强劲的南风搏斗着，为了不至于在接近海岸时把船撞坏，迪亚士毅然决定把船转向开阔的大西洋，一直向西。尽管迪亚士

是位有耐心的船长，然而，这回他也差点对船只在逆风中的航行丧失了耐心。须知，在这种情况下的航行已经大半个月了。根据他长期在大西洋上航行的经验，只要驶往看不见的大陆的海域一定会遇上顺风的，但这次可是意外了，真是老航行家遇到了新问题。请看编年史学家罗斯的记载：是猛烈的北风把船吹到离海岸很远的地方，奇怪的是，在南部非洲仲夏的一月份，几乎从来没有听说过有这样莫名其妙的北风。

在茫茫的大西洋上，迪亚士的船又向西南方向颠颠簸簸地行驶了13天，由于风力过猛，迪亚士不得不把风帆降下来。按照迪亚士的估算，船只离海岸已相当远了，于是下令掉头向东航行。令这些航海者不解的是，南半球的仲夏，涌浪之大像小山一般，这且不说，海水还这么冷。为了及早能见到非洲陆地，迪亚士在脑海里不断地估算着航海人心中的三角形，但却一直没有发现陆地，于是又再一次地改变航向。怎么老是见不到陆地呢？甚至东方地平线上连陆地的影子也见不到，迪亚士自问着。后来，迪亚斯决定向北航行。当然，那

时的他，根本不会想到非洲最南端是现在南非的厄加勒斯角，其纬度是南纬34°51′。而迪亚士的船还一直在咆哮的南纬40°的纬圈带上航行，怎能找到陆地呢？只能在风暴圈里遭罪受。不过，那时的迪亚士还自信着呢。

迪亚士决定向北航行是正确的决定，终于在1488年的二月初，船员们在极端疲惫、简直个个像散了架似的状态下，再一次见到了非洲陆地，总算惶惶不安之焦虑得到些平静。其实，许多船员在那咆哮的南纬40°上航行时，他们不停地在向上苍祈祷，请上帝保佑，双手不断地在胸前比画，口里念着，阿门、阿门。尽管发现了新的非洲陆地，使迪亚士又不断地向自己提出疑问，不对啊，历来发现的非洲海岸线都是向南的，而现在呈现在面前的海岸线怎么是向东了呢？殊不知，迪亚士已经绕过了非洲之角，但迪亚士那时不相信这一点。

可以后出现的事更古怪，迪亚士继续向东航行，而海岸线依然不断地向东延伸，且越来越远。迪亚士为了证明自己没有搞错，用凉水冲了好几次脑袋，一而再、再而三地揉揉自己

的眼睛。这样，他才相信不会错了，甚至用他们所使用的很简陋的航海仪器也可以计算出，他们现在所处的位置离博哈多尔角以东有两千英里之遥了，也就是说，他们现在正处在埃及的正南方。这才使他们相信，他们的南面是一望无际的大海，这里海岸线几乎很平直，也很少遇到岛屿。当见到陆地景色时，这些长期海上飘荡的船员们一下子兴奋起来，陆地啊，久违了。其实，航海人见了陆地就高兴，况且，这里海岸可真美，那里的花草，从船上就隐约可见，气候也舒服。眼看着这生机勃勃的景象，勾起了船员们对家乡的思念。怎能不想家呢，屈指算来离家远航已七个月了，这一路上风风雨雨的煎熬，特别是在风暴40°圈中航行时，真是要了命，不少老船员都在吐酸水、苦水，甚至是绿色的胆汁，年轻的船员则在不断呼唤着，哎哟。船员们可真是想家了。

后来，迪亚士在航行中发现了一条河的河口。河口的出现又引起了船员们的惊喜，这难道是船员们神经出问题吗？其实，这都是真实的反映。须知，流入印度洋的河流就是很少，著名的也就是恒河、布拉马普特拉河、印度河、伊瓦洛底江、赞比西河等几条。当然，那时的迪亚士心里很明白，由于一路上很少见到河口，难怪船员们又惊喜起来。这种心情，对长期居住在陆地上的人来说，是不会产生的，也想不到长期远航的人会这么激动。

迪亚士原想满足船员们的欢心，上岸登陆，可是天公不作美，冲岸浪太大，没能如愿。由于看到那里有人扬鞭放牧，迪亚士就把此河命名为"多斯瓦凯伊洛斯河"，即"牧人河"。

1488年2月3日，他们来到了旁边的一个海湾，那里有个小岛，离大陆很近，岛上栖息着很多海豹，由于海豹叫声像驴，后来有人称它们为驴企鹅。后来发现，流入该海湾的河流也是与众不同，说是河中"长满了芦苇、蒲草、薄荷、野橄榄树，还有与葡萄牙完全不一样的花草和树木。"

在引水员阿伦克尔的领航下，登岸上陆后，他们在山丘上看到一群乳牛和几个半赤身露体的人，于是，他们用欧洲不值钱的小玩意竟换来了牛和羊，使船员们几个月来第一次品尝到了新鲜的牛羊肉。

也许是这种不等价的交换激怒了放牧人吧，当迪亚士派人去海滩附近找淡水时，迪亚士被扔过来的一块石头打中了，船员哪里肯依，进行还击，一个牧人中箭射死，其他牧人赶着牛羊仓皇逃走。这就是葡萄牙人对从未知晓的民族的初次见面礼。待走近看时，那个被射死的"黑人"的头发像"绒毛"，其肤色像"枯黄的树叶"，比非洲西岸的黑人的肤色要浅得多。

这个初次被欧洲人认识的南部非洲黑人，究竟是什么人种并不清楚，只是说，是南非的土著人吧。但迪亚士等发现，与这里黑人在做"货物"交换时，黑人的说话虽不解其意，但具有明显而独特的吸气音，发出的声音多为"hot"和"tot"，很怪。以后荷兰人来了，讨厌他们的结舌，干脆称这些土著黑人为"Hottentot"，译名取音译"霍屯督"人，实际是贬低南非黑人。但那里的黑人，自称是"科伊科伊人"，在南非黑人的心里，自己是"人中人""真正的人"。

迪亚士离开"牧人港湾"（现今的莫塞尔港）后，继续向东航行，看见一座巍峨的山顶，就称它为埃斯特雷拉山。其实，这是位于葡萄牙本土东部的一座山峰名称，也是葡萄牙的最高峰，海拔为1991米。迪亚士何以取此名，可能的用意是，船员们实在太想家了，让他们以后看到此峰就会想起葡萄牙。或许还有另一层意思，就是让大家别忘了，这里也是葡萄牙领地，至于究竟为何选取此峰名？随着迪亚士的作古，没有人再去细问了。之后，他们抵达了一个面向海洋宽阔的海湾（即阿尔戈阿湾），从这里起，海岸又缓缓地转向了东北，向印度方向伸去，迪亚士心里明白，也相信自己的判断，他们的航船已绕过非洲全部的南海岸，这里应该是印度洋了。可船员们并不高兴，以为根本还没有绕过非洲最南端的海角。尽管迪亚士对继续探险的热情很高，但船员们则不肯再前往，一位名叫巴罗斯的人这样记载："由于人们都已筋疲力竭，再加上被航行经过的大洋上铺天盖地的大浪吓破了胆，大家都不约而同地埋怨起来，要求再也不要走远了。船员们说，给养就要用完，应该回去寻找他们来时留下的运输船和补给品，他们说，留在运输船上的人大概都快要饿死了。船员们说，这一次航海发现的海岸很长了，也已经够多的了。最好的办法是，回过头去寻找已要落在他们后面的那个最伟大的非洲之角。他们表示，无论如何也不愿意继续前进了。"

尽管迪亚士多么想继续发现，但也无可奈何，于是根据大家的意见起草了一个文件，并让大家在文件上签字。最后仍然恳求大家，再沿着这条海岸多走两三天，他许诺，如果仍然看不到什么，就返航回国。

在航行的第三天，也就是最后一天，他们航行到凯斯卡玛河口的外边，迪亚士认为应在那里去树立标志，无奈汹涌的波涛又加上不停咆哮着的冲岸浪，船只无法靠岸。迪亚士正在大为失望，掉头往回走时，迪亚士抓住了一个机遇上了岸，把醒目的标志立在阿埃霍埃克的顶上。迪亚士真是不忍现在就离开，但前进不得，停留也不行，无可奈何。巴罗斯有记载：迪亚士"怀着极大的痛苦和依依不舍的心情"离开了这里，"就像离开他永远被流放的可爱的儿子一样"。在返航途中，一路测量，包括绕道南大西洋期间错过的海岸。

6月6日，他们最激动人心的时刻到了，迪亚士渐渐地靠近了非洲的最南端，他们到达了一个"雄伟壮观的海角"，这是花岗岩的奇岩怪石，它远远地伸向海上，从侧面看是座山和一石锥，这就是非洲南部的最南端，也是一个最尖端，在周围沙滩的辉映下，更显得突兀与雄伟。在返航途中，在普林西比岛靠岸时，迪亚士又搭救了前来索尼尔河口探险者中的一些幸存者。终于在公元1488年的12月返回葡萄牙的塔古斯河。行程1600英里，历时15个月。

葡萄牙国王若奥二世听取了迪亚士的报告，迪亚士诉说在非洲南端的风暴实在太大，我把最南端的海角称为"托尔门托"，这确实是"风暴之角"。但国王另有想法，这一发现该有多好啊，梦想即将实现，葡萄牙人现在已经可以绕过威尼斯和伊斯兰帝国，勇敢地进入印度洋了，这是良好的希望，怎能叫风暴角呢，应改称为"好望角"吧。

中国秦代航海家

公元前221年，秦始皇统一六国后，便迫不及待地下令徐福带领船队出海寻找神山仙果。

徐福自小爱玩水，年轻时闯荡江湖练出一手驾船好技术，学了不少识海流、观天象的知识，因此秦始皇选中了他。

当时寻找海上神山，完全是靠橹桨风帆，没有机器推进，因此海上航行是非常危险的。徐福经过几年跟大风大浪的搏斗，积累了一些航海经验，可是，多次出海根本就没有发现什么神山。转眼几年过去，徐福还是一无所得，他感到皇命难违，如果再不借出海之机逃走，他和他的手下都必死无疑。于是，他对秦始皇说，神山已发现，秦始皇本人需斋戒沐浴，以表示至诚，同时需有三千童男童女、各种工匠和各种作物的种子随船进贡。显然，徐福是准备一去不归，在海外落脚生根了。

秦始皇为了自己能长生不老，能占有神山仙果，一切都按徐福的要求办了。

当时是夏季，徐福挥泪告别华夏大地，带着数千人马，开始了毫无目的的航行。船队利用海流，不断向外海漂去，经过数十天的艰难航行，终于惊喜地发现一个陌生的海岛，原来他们漂到了日本一带的岛上。当时这些岛上十分荒凉，徐福他们登上这海岛后便开始了辛勤开垦。三千童男童女和上千的能工巧匠，成了这片新土地的主人。

当时日本还处在非常落后的新石器时期，少数土著人靠捕鱼狩猎为生。徐福一行人出现后，这些土著人既惊恐不安，又十分好奇。后来看到徐福带来的三千童男童女个个举止文雅、衣着艳丽，手执颇为新奇的青铜器和铁器耕作、纺织，渐渐就同他们交上了朋友。徐福送土著人丝绸，教他们耕作、纺织、冶金，同时允许手下的人同他们结婚。

从此，他们在这些岛上繁衍生息，生儿育女，成了今天日本的出云族、铜铎族的始祖，他们的后代成了日本民族的有机组成部分，为日本文明做出了不可估量的贡献。

今天日本还保留着许多徐福的遗物和传奇故事。风光秀丽的新宫市内，一棵古树下，鲜花簇拥着一块青褐色的墓碑，上面刻着"秦徐福之墓"。在日本金山脚下有个"千布村"，相传徐福当年路经此地时为沼泽所阻，后来铺上千尺布帛才得以通过，因而得名"千布村"。这个村里还有一座独特的观音庙，观音菩萨静立着，手中拿的不是净瓶和柳枝，而是酒壶和鲜花。相传当年徐福与当地土著首领源藏十分亲密，他的女儿辰姑娘每日为徐福斟酒，每次徐福外出归来，她总是微笑相迎，送上一束鲜花。他们之间产生了爱情。不久，辰姑娘暴病而死，徐福痛不欲生，发誓要永远守在这里。后来人们便按她生前的事迹塑像立于庙中，日日在为郎君斟酒、献花。

日本佐贺县诸富町有个"浮杯村"，这一带的渔民年年祭奠徐福。日本金立山神社为祭奠徐福，每50年举行一次盛大的神社活动。神社活动时，万人空巷，人们穿上古代的服装歌舞，所抬的神位即是金立山"司药、司织、司农"主神徐福。

可见，徐福在日本民族中的重要地位。

中国海上丝绸之路的开拓者

法显，东晋僧人、旅行家、翻译家，中国僧人赴印度留学的先行者。俗姓龚，约公元337年生于平阳武阳（今山西襄垣）。他的三个哥哥都不幸夭折，因此，父母怕他再夭折，让他出家当了和尚（20岁受戒）。他好学上进，钻研佛经，深感中国佛经许多地方残缺不全，便立志出国寻求经律。

东晋安帝隆安三年（399），法显步行到了印度。在那里他苦心修行，整理佛经，然后准备登船由海上回国。跟他一起去的是九人，回来时只剩他一人了。

义熙五年（409）10月下旬，由今孟加拉国出发，在海上漂泊14天，到达狮子国（今斯里兰卡），在那里见到了一位中国商人，就一起东渡回国。船在海上漂泊13天，来到一个小岛，退潮后水手们修补好船继续航行。他们白天靠太阳、夜间靠星斗辨别方向，遇到阴雨天就随风漂流。经过90天海上漂泊，才到达今苏门答腊岛南部。法显在那里逗留五个月，又跟广东商人东渡回国。海上遇到狂风巨浪，一切东西都扔光了，法显却死死抱住佛像佛经不放。经过海上千辛万苦70天的折腾，才于义熙八年412)漂流到山东崂山登陆。有人算了一下，法显在海上先后航行了5000余千米。

法显出国14年，足迹遍及30余国，不但带回了佛经（后来翻译整理出六部24卷），而且还把国外所闻所见及海上斗风战浪的经历整理成《法显传》（又称《佛国记》《佛游天竺记》等），为了解东南亚各国及航行情况提供了重要史料，也为后来郑和七下西洋打下了基础。

法显是中国海上丝绸之路的开拓者，是中国航海史上有重要贡献的人物。

七下西洋的中国伟大航海家

郑和是云南昆阳人，明洪武四年(1371)生，本姓马，排行第三，人称三保，回族，祖、父均曾到伊斯兰圣地麦加朝圣，故幼时了解外洋情况。洪武十四年(1381)，在兵荒马乱中被明军俘虏，押至南京强行阉割，成了宫中太监。建文元年(1399)因任燕王"靖难"监军有功，赐姓郑，晋升为内宫太监，成了明朝宫里的一个重要人物。明成祖朱棣听说死敌明惠帝(朱允炆)逃到海外，又从郑和那里听到西洋有许多美丽国家，跟他们通商能增加国库收入。显然，派船队前往西洋可以一举三得：一可暗访朱允炆下落；二可同西洋各国通商，换回许多宝贝；三可向西洋各国显示中国的

强大。于是，他命令郑和准备船队下西洋。

郑和的副手是二品官王景弘，他本来不愿下西洋，但王命难违，就对皇上说："此次下西洋，要多派些兵马，征服番国，使他们怕我天朝，称臣纳贡！"郑和听了此话很反感，马上对皇上说："王尚书此言差矣！此次下西洋是通商贸易，结识好友，示中国之富强，决不能用武力征服别国，播种仇恨。兵马要派，那只是保护船队安全！"

郑和的话受到文武百官的赞赏。皇上对郑和说："你说得对，我天朝要与西洋结交友好，宣朝廷威德，你俩要同心协力，赶紧造船选拔人才，广采我中国之名产，择日起航。朕当亲阅舟师，为卿等饯行！"

郑和和王景弘赶紧准备，亲自到校武场内选择将士，2400人中只选中了750人。另有维修、办事、翻译、医务和寻访惠帝的密探等人员。这样便组成了一个有27000多人和大小舰船60余艘的庞大船队。船上装满了中国名产，有金银珠宝、丝绸绢缎、瓷器、茶叶、大米、大豆、布匹、铁条等等。

当时皇上亲自到刘家港查看郑和造的宝船。郑和对皇上说："那九道桅者，系最大之宝船，长四十四丈，宽一十八丈。任凭它风再大、浪再狂，乘此巨船漂洋过海，当稳如平地。"

"怎么宝船中大小都不相同？"

郑和又指着港内各种船向皇上介绍："那八道桅是马船，长三十七丈，宽一十五丈；那七道桅叫粮船，长二十八丈，宽十二丈；更小的六道桅是坐船，长二十四丈，宽九丈四尺；那最小的是战船，五道桅，长一十八丈，宽六丈八尺，灵活轻巧。此外还有专门的装水船。"

皇上听后点头称赞，便要登船细瞧。文武百官，前呼后拥，护驾登舟，首先登上帅船。只见帅船上面写着"大明朝征西大元帅"字样，全船装饰得富丽堂皇，生活设施齐备。皇上观后大加称赞，说称得上是"水上之家"了。

随后，皇上由郑和与王景弘簇拥着来到驾驶室看罗盘(指南针)，上三层每层均有罗盘，每个罗盘由24名水手看管，航行时轮流值班，掌握航行方向。

皇上看完罗盘又到船尾看铁锚。皇上整天生活在富丽堂皇的宫内，一见到那巨大的铁锚，惊骇得半天说不出话来。那锚有七丈三尺长的杆、三丈五尺宽的爪、八尺五寸高的环，用一根小桶粗的棕缆吊在船头，没有百人的力气休想动它啊！皇上笑着说："要打出这只大铁锚，实在是不容易。"

"集数百名能工巧匠，昼夜赶制，一百天才打出来的。有了铁锚宝船才能泊系，才能顶住狂风激流！"郑和向皇上介绍着。

"宝船、铁锚全都具备，不知二卿何时起航？"

郑和对航海早有研究，看的书很多，他对皇上说："眼下是六月，海上正是风平浪静的好季节，可免初航人晕船呕吐之苦，臣以为尽早起航为好！"

皇上思索片刻说："明日六月十五日开船如何？"

郑、王两人齐声道："遵旨！"

皇上传下圣旨，六月十五日在金殿大宴征西将帅，并备金银彩缎，进行赏赐。次日鸡鸣三更，天色黑蒙蒙，皇上早已坐在殿上。待到百官进朝，行礼毕，皇帝说："今日郑、王二卿率万之众远涉重洋，朕备筵宴，为彼等饯行，以表朕心意。"

说毕，鼓乐鸣奏。顷刻间大殿上摆出丰盛筵席，款待征西将官。英武殿上也摆好筵席，款待在朝的文武百官。大殿内外，忙忙碌碌，喜气洋洋，皇帝还赠送礼物，赐饮御酒。

明永乐三年(1405)六月十五日中午，郑和登上帅船，亲手升起开船信号旗。霎时，62艘"宝船"，升起帆，迎着火红的太阳，从苏州刘家港(今江苏太仓浏河镇)出发，出长江口向着茫茫东海，乘风破浪开始了第一次下西洋。

郑和船队航行了十来个昼夜，穿越南海，蓝色的海水逐渐变成绿色、黄色，这是靠近陆地了。郑和举目一望，果然瞧见了前方一片黑影，他要访问的第一个目标占城国(今越南南部)就在眼前。他立即下令加强戒备，准备靠岸。不多时船已到岸，大船纷纷落帆下锚，他先派使节乘小船上岸去递交国书。

占城国一直跟中国友好，唐朝时就有来往，它位于中南半岛东南端。国王阅完国书心中大喜，得知中国宝船是前来通商贸易，赶紧吩咐准备厚礼，亲往码头迎接。国王骑大象，身披五彩衣，头戴锦花金冠，在众官员簇拥下，率欢迎队伍来到码头。欢迎队伍持锋刃短枪，打着小鼓，吹起椰笛，表达对中国的友好情谊。国王向郑和送过礼单，说："敝国国小民贫，拿不出好礼物，只是表表友好情意。"

郑和首次登上西洋国，对这里的风土人情都是陌生的，其中礼单上有许多稀奇古怪的名字引起他的兴趣。国王命令左右，打开礼箱，带领中国客人一一观看。

国王指着那些奇珍异宝说："这宝母犹如一块美石，每月十五晚上，置于海边，诸宝必集，故称宝母。"

郑和问："此像中国蚌蛤一样的，可是海镜？"国王说："正是，其壳可射日。还有这火珠，日午当天，这珠上可燎香烧纸。这是水珠，晶莹无瑕，投之清水中，杳无形影，投入浊水之中，水立即澄清。"

郑和又问："辟寒犀顾名思义可辟寒，不知是否当真？"国王说："辟寒犀就是犀牛角，用金盘盛之，贮于室内，暖气烘人。"

跟在身后的王景弘副帅看到一张席子，爱不释手，便问："这是何物编成？"国王说："这是象牙抽成细丝编织而成，睡在上面可除疾病。"王景弘听后一个劲儿说："好！妙！"心里却在想：若能捞一张，也不负来过西洋国也！

观赏宝物后，国王请郑和一行人进王宫赴宴。席间郑和还是对此地风土人情感兴趣，想抓紧一切时间多了解西洋国。话题扯到了男女婚姻问题，国王说："我国跟贵国不同，男子先入女家成亲，过了十日半月之后，男家父母诸亲友，用鼓乐到女家迎回新郎夫妇，并饮酒

作乐。"

　　宴毕，郑和下令，将中国青瓷荷盘100个、青瓷荷碗30只、伫丝20匹、绫绢20匹，以及许多金银珠宝，回敬国王。第二天，双方平等互利地交换了货物。

　　当然，那些密探，早已到城里调查暗访先皇的踪影。不日，船队离开占城国，前往爪哇、苏门答腊、满剌加、旧港等国。

　　郑和船队于夜间航行时，忽然有只小船朝副帅王景弘的船靠近。值班人员问："你们是何人，有什么事？"

　　小船上一个大汉高喊着："俺们是奉敝国国王钦旨，携厚礼前来迎宝船。"

　　值班官向副帅回报，贪财心切的王景弘心里大喜，当即吩咐降帆，让小船靠了过来。

　　片刻小船靠上，一个彪形大汉抬着许多箱子，带着一名花容月貌的年轻美女上船。王景弘那双贪色的眼睛盯着美女，从脚到头看了一遍，最后双目盯在那美女隆起的胸脯上。他立即命令左右退下，没有他的命令不准出舱。他低三下四地请大汉和美女进他舱里，把舱门关上。那大汉说一口流利的中国话，问："你可是郑大人？"

　　王景弘笑道："本官是大明国钦差副使王景弘。"

　　大汉立即跪下拜道："敝国朝贡使叩见钦差大人。"此时那个美女也走到王景弘跟前，娇滴滴地说："大人辛苦了。"

"敝国旧港国王吩咐，如果大人喜欢这位美女，可留下歌舞，供大人取乐。"王景弘一听，骨头都酥了，立即命令侍卫拿来好酒，与大汉坐下对饮。那美女时而跳舞，时而给大人斟酒，灌得王景弘醉醺醺地一把将美女搂进怀里。那大汉猛地站起，从腰间拔出匕首，对王景弘喊道："不准作声，你要反抗，我一刀捅死你！"那美女早已从他怀中挣脱，对小船上的人喊着："快！动手！"

大汉两拳把左右侍卫打倒，一伙人跳上船来，把王景弘舱内的宝物抢劫一空，接着又命令王景弘脱下官服。然后这伙海盗跳上小船，消失在黑夜之中。

此时瞭望哨向郑和元帅报告："副帅船落帆停航。"郑和一听心想：为什么不请示他单独停航，到底出了什么事？他有些不放心，立即登上快船上了王景弘的副帅船，进舱一看，只见王景弘穿着短裤和衬衣，模样狼狈。

"到底出了什么事？为何不向我报告就落帆停航？你可知罪？"按规定，行船中独自落帆离队，没有经元帅批准者，要斩首示众。王景弘自知罪责难逃，便低头说："一伙海盗……上船……抢劫财物！"

"你的士兵侍卫是饭桶，为什么不捉住？你是副帅，几个海盗都对付不了？你不仅丢失财物，还丢尽大明国的国威啊！"郑和见对方不语，也就消了怒气，立即命令："升帆，开船！不得有误！"然后离船回到帅船。

不几日，郑和船队来到旧港国，小船回来禀报："旧港国城门紧闭，不欢迎大明国使节上岸！"

郑和听罢感到奇怪，因为旧港国一直同中国友好。于是又派使节乘小船登岸递交国书。旧港国城楼上的士兵大骂中国使者不讲信用，无情无义，抢走了旧港国公主。要开城门，首先要归还公主。此事又报到郑和那里，郑和知道有人捣鬼了，而且很可能是那伙抢走王景弘官服的海盗干的。

正在这时，一艘小船向帅船靠近，但被士兵们挡住。郑和下令召见来人。来人叫施进卿，是中国广东潮州人，经商来旧港国已多年。他说，他同乡陈祖义是海盗，不但抢了宝船，还穿上官服进了王宫抢走公主。陈祖义平时无恶不作，闹得附近海港和海上乱糟糟，此人水性好，能潜能泳，把他扔进海里十天半月也死不了。施进卿还说，今夜三更，海盗还会到宝船上抢劫，要元帅小心提防。

郑和听了，半信半疑，但又不可不防。他对施进卿说："谢谢你，你先回去吧！"小船走后，郑和跟几位大将研究对付海盗的策略。

当天半夜，天格外黑，陈祖义果然率领数只海盗船，悄悄地向宝船靠近。陈祖义先跳进海里，从水下游到宝船附近，露出水面察看宝船动静，一看没有戒备，两个哨兵还在打瞌睡呢！他立即游回船上发出暗号，迅速靠上宝船，爬将上去。正当他们动手抢劫财物时，只听帅船上一声炮响，顿时所有舰船亮起火把，把大海照得通明，喊声震天。陈祖义见势不妙，想赶紧逃命。此时宝船螺号声声，将士们跃上海盗船，刀起人头落，一伙海盗不到半小时就命归黄泉，陈祖义被活擒。

当夜直捣岸上盗匪巢穴，救出旧港国公主。第二天郑和率一批人员，带着公主、抬着礼物来到城下求见国王。在公主的解释下，国王下令打开城门，欢迎大明国使节进宫。

郑和船队在旧港国停留两天后又前往罗斛国。经过几个昼夜航行，船队很快就靠岸锚泊。

探子向罗斛国王奏道，中国来了百十号宝船、数万雄兵，要进攻罗斛国。国王半信半疑，因为祖代都跟中国友好，当年父王出使，在南海遇险，是中国人救了他，还为他们修好船，中国皇帝还给他们绸缎、马匹、粮食、指南针，才使父王安全回国，中国有恩于父王，如今日刀兵相见，岂不恩将仇报！

这时探子又来报，说中国使臣带着礼品求见国王。国王大喜，立即迎接中国客人。

国王看过礼单，受宠若惊："小国受此厚礼，当之有愧啊！"

郑和马上说："我皇上奉承天运，治国有方，连年风调雨顺，五谷丰登，故特命我率宝船下到西洋各国，一则示中国之富强，二则与海外通商贸易，三则与西洋各国结交友好。"

国王听后心里更加放心和高兴，

立即命左右大臣也备厚礼，在丞相陪同下，跟中国使臣一道前往宝船。

郑和收下礼物，双方表示友好，商量通商事宜。突然探子来报，说罗斛国一支大军蜂拥而来，矛头指向我大明国。郑和一听不快，以为国王玩了个阴谋，便立即穿上战袍，指挥水陆两路迎战。

中国大将张计，跟对方虎将谢文彬交战才几个回合，便把谢文彬打落马下。张计跳下马，把谢文彬五花大绑，送到郑和跟前。罗斛国国王一见，怒火难忍，给了谢文彬两巴掌，指着大骂："你这个误国叛贼，谁叫你统兵前来，陷我于不信不义，你该当何罪！"

王景弘充当好人，马上说："他是效忠国家嘛！情有可原，算了！"就亲手给谢松绑，把他放了。

郑和知道国王的确并无敌意，完全是谢文彬个人所为，也就算了。接着就收下国王礼物，并设酒筵款待国王大臣。

第二天，郑和下令船队前往爪哇国。船到半途，蓝旗官向郑和报告："后面有数十艘战船尾追我多时。"

郑和走出帅舱，来到甲板向后方一看，只见一艘战船已离帅船不远，上面立着的那员战将正是谢文彬。谢口出狂言大喊："郑和老贼，你快快投降！"

郑和大怒，立即下令各船应战。他率领几艘快船来到敌船上风，向敌船射出一排排火炮、火箭，贼船顿时一片大火，敌人纷纷跳海，淹死无数，救上的寥寥无几。

经过对俘虏的审讯，原来谢文彬是中国汀州人，因贩盐时船翻，漂泊到罗斛国，后成为统兵。他文武双全，又识航海，又有兵权，常率兵侵扰别国，明里为将，暗地为盗，对大明宝船上的财物早已眼红。

郑和说："谢文彬已死了，也为他国除了一害。"

贼兵说："方才小的看他跳海潜水而去！"

郑和说："他若再敢来犯，元帅定叫他碎尸万段！"接着郑和升起开船令旗，船队又恢复航行队形，朝爪哇驶去。

经过几昼夜航行，来到爪哇靠岸。郑和派几位大臣去递交国书，可是半天不见回来。郑和派人上岸打听，才得知大臣已被扣在王宫。郑和心中不由大怒，一旁的王景弘副帅提议："元帅！他们不仁，我们不义，我带兵杀进城去。"

"千万不可，这其中必定有诈！待查清后方可采取行动。"王景弘讨个没趣，不吭声了。

经过多方打听才查清情况，原来还是那个谢文彬搞的鬼：他对爪哇国国王说，郑和率雄兵来攻打了。国王恼火了，就将中国大臣扣押了。这谢文彬，果然水性很好，是潜水逃走赶在郑和船队之前来到爪哇国的。

郑和决定派大臣前去面见国王，讲明谢文彬在罗斛国的所为，以及郑和下西洋的原委，劝说国王切勿中谢文彬的挑拨离间之计。

国王弄清了事情真相，马上放了被押大臣，并传令文武官员前往码头迎接郑和进城。

郑和讲了船队还要到其他国家访问。国王同意在他的国家可作中转站，访问别国之后，船队可在此集结返航。郑和感谢国王相助，便留下一些后勤官兵在岸上建立仓库。这些留下的官兵，多数是能工巧匠，向当地老百姓传授各种各样的中国技术，很快使这个国家繁荣起来。至今爪哇这个地方还留着"三保洞""三保井""三保船"等文物古迹，马六甲山顶还有一座"三保城"。

郑和船队在爪哇国分成几路，去同其他国家传友谊、话通商。船队穿过马六甲海峡，横越印度洋孟加拉湾，绕过印度半岛，又访问了古里国。郑和每到一地，都受到热烈欢迎。他们向各国国王宣讲来意，赠送礼物，然后跟当地官府和商人进行贸易。双方互看货物，逐一议价。在古里，货价议定了，还互相击掌，表示不再更改。船队带去的货物到处畅销，丝绸和青瓷碗特别受欢迎。他们从各国收购宝石、珍珠、珊瑚、香料等等。

永乐五年(1407)，郑和率船队返航，有些国家的使臣，也搭宝船来中国访问。

郑和先后七次下西洋，最后一次出洋年已60，满头白发。他指挥宝船不但到了东南亚各国，而且穿过几个海峡，沿红海北上，直到今天的索马里，为开拓海上丝绸之路立下了不朽功勋。他下西洋历时28年，访问30余国。船队的航线之长，航海技术之先进，造船技术之高超，在当时来说都是世界领先的。郑和下西洋的壮举，是中国人的骄傲。他不愧是中国空前绝后的伟大航海家。

郑和下西洋时，南洋一带已经有不少华侨居住在中印半岛、苏门答腊、爪哇、加里曼丹和吕宋等地。郑和下西洋后，我国人民去南洋的就更多了，来去的航线也更熟悉。这些华侨，多数是贫民，他们带去先进的生产技术和文化知识，在开发南洋和促进居住国的经济发展方面起了很大作用。

有人说郑和只是航海家，不是海洋探险家，不能跟哥伦布相提并论，此话差矣。郑和先后七次下西洋，船队是边航行、边记载、边探索，同样风险重重。

郑和七下西洋，每次出航有二万余众和近百艘船，这是当时世界最大的船组成的最大的远洋船队。不但到过现在南洋群岛的主要国家，而且到了非洲。郑和船队每到一地，都以我国的丝绸、瓷器等或馈赠国王或换取特产。回国时更邀请各国使节随船访问中国。郑和作为友好使者，在与亚非各国建立友好往来方面做出了重大贡献。

我国历史学家吴晗曾对郑和做过专题评价。他指出："其规模之大，人数之多，范围之广，那是历史上前所未有的，就是明代以后也没有过。这样大规模航海，在当时世界历史上也没有过。郑和下西洋比哥伦布发现美洲大陆早87年，比迪亚斯发现好望角早83年，比伽马发现新航路早93年，比麦哲伦到达菲律宾早116年。比所有航海家的航海活动都早。可以说郑和是历史上最早的、最伟大的、最有成绩的航海家。"

外国评论家在评论中国航海家业绩时，意味深长地指出："他们总是返回家乡，从来不留在任何地方当殖民者。"伟大航海家郑和，正是诸多优秀中国航海家的伟大代表。

郑和在明宣德八年(1433)最后一次下西洋回国后不久即病故。他把毕生精力都献给了祖国航海事业，创造了世界航海史上无与伦比的伟绩。

冻死在俄国海滨的英国探险家

人们把从大西洋绕过美洲北部到达太平洋的航线叫作西北通道。人们又把从大西洋绕过欧亚大陆北部到达太平洋的航线叫作东北通道。英国探险家威洛比就是寻找东北通道的第一支探险队队长。

英国人为什么要往北行，去穿越北极冰海呢？当然并不是今天人们想象中的科学探险，其目的还是为了跟西班牙、葡萄牙两个海上强国竞争，从而能发现更多的殖民地，能找出一条更短航线到远东去寻找黄金、香料、中国瓷器。如果往北成功了，他们就有了比西班牙和葡萄牙两国更佳

的航线。1553年伦敦商人们出资，成立了这支探险队。5月份船队驶出泰晤士河口，朝东北方向航行。队长威洛比是贵族出身，勇敢有余，但航海经验不足。他的助手钱瑟勒是个出色航海家，从而弥补了威洛比的不足。

出航不久，他们遇到风暴，船队被吹散，威洛比指挥两艘船往东驶去，钱瑟勒的船则不知去向。威洛比遇到风雪交加、严寒袭人的鬼天气，逼得他回到俄罗斯临近芬兰的一个海湾越冬。威洛比在日记中写道："天气越来越坏，风雪交加，严寒迫人，我们只好在这里越冬。"贵族出身的威洛比，总以为岛上有居民，能弄到一些食物来补充。可是他派出的几个小组回来报告：荒无人烟，千里冰封。

他的日记至此结束。威洛比就活活冻死在海滨。1554年冬天，一些渔民在摩尔曼斯克附近的瓦尔泽纳河口发现了两艘船，船上货物很多，但人已冻死，共63人。可见，威洛比的航海经验太缺少了。

钱瑟勒指挥的那艘船，命运跟威洛比完全不同。他顺利进入白海，驶进了北德维纳河口，找到了俄国人，并跟他们通商贸易，俄国人还派卫队护送他回英国。钱瑟勒回国后，英国成立了莫斯科公司。后来，钱瑟勒在海难中死去，英国在1580年又派船队再去寻找通道，结果都下落不明。

英国人想从东北通道进入中国的希望至此破灭。

为寻找东北通道而丧生的
荷兰探险家

寻找东北通道的不仅仅是英国人。荷兰人在英国人失败后，也组织了探险队，队长就是巴伦支。

1594年6月，由四艘船组成的探险队，分成两路，以开辟到中国的航线为目的。由巴伦支当船长的一路，

到达了新地岛的最北部。16世纪时，欧洲国家没有一个探险队走这么远。另一路一直往东，像英国人一样也驶进喀拉海。同年9月，四艘船返回荷兰。

1595年，荷兰又派出第六支探险队，巴伦支再次出海。船队到新地岛后遇到了大块大块的浮冰，行动艰难，好不容易到喀拉海，船就被浮冰堵住了。这次探险队队长不是巴伦支，队长畏首畏尾不敢前进。队长派出去的两个水手到冰块上去探路时，被两只饥饿的北极熊吃掉了。大家都吓坏了，要求返航，巴伦支一再说服也没有用，这次探险没有成果。

1596年荷兰再次组织探险队，巴伦支又参加了，当了船上的领航员。船队驶过欧洲大陆西北角后，没有掉头向东，而是继续朝东北而去，想在极点处找到航路。6月19日，他们在北纬80°发现了一块陆地。因该地山势陡峭，便取名为斯匹次卑尔根(意

思是尖峭的山地)。在这里又遇到巨大冰块，大家意见分歧，巴伦支所在船支持巴伦支意见，掉头向东驶去。

巴伦支他们与冰块搏斗，冒险航行，好不容易来到新地岛东北海角，船就被冰撞坏，无法航行，只好在这里越冬。他们把船上的东西搬到岛上，又拆下船板盖起小屋，跟严寒作斗争。这时有些人得了维生素C缺乏病，一个个地死去了，巴伦支也病得厉害。第二年夏天，荷兰人只好乘两条小船逃生，遇到浮冰就把小船拖到冰层上，再拖着小船步行。临走前，奄奄一息的巴伦支还写了一份报告，放在小屋炉灶旁。1676年人们发现了这座倒塌的房屋，才知道巴伦支死了，那时他才47岁。

历史学家研究了这几次的探险记载，尽管巴伦支只当过一次队长，但实际上三次探险他都是主角。人们为了纪念他的功绩，就把埋葬他的大海称为巴伦支海。

寻找北极圈的通道

寻找东北通道，除英国人和荷兰人之外，还有俄罗斯人和丹麦人。

1648年东西伯利亚下科累马斯城曾组织过一支有七艘船、90余人的探险队。他们无意中被风暴吹进了后来被称为白令海峡的北冰洋与太平洋的通道。可惜这次探险不被官方所知，结果他们的新发现没有被记载到探险历史上。

约80年之后，丹麦航海家白令才奉俄国彼得大帝之命，组织探险队，寻找通往中国的海路。这时的彼得大帝已病得很厉害，他是在病床上亲自制订探险路线的。他要白令从堪察加往北进入太平洋到北冰洋的通道，并登上这一通道的东岸——美洲陆地。

1724年，白令带着探险队从彼得堡出发，先骑马，再步行穿过西伯利亚，再乘船从黑龙江到鄂霍次克海西岸出发。因为这段路程很远，是冰海雪原，主要靠人拉雪橇走，吃的都是臭肉和兽皮，因此到了海边人死了不少。活着的人中有不少得了维生素C缺乏病，他们只好盖起小屋在这里越冬。

1727年夏天，探险队渡过鄂霍次克海，到了堪察加岛西岸。当时他们食物太少，白令就从岛上堪察加人手中，抢了许多狗，然后到东岸造了一艘航船。

1728年7月，他们离开堪察加岛，向东北驶去，穿过白令海峡，进入北冰洋海域。他们既没有看到亚洲海岸，也没有看到美洲海岸，但断定西伯利亚同美洲是不相连的。

在安娜女皇统治时期，年已60的白令乘"圣彼得"号，再次率领探险队，于1741年6月4日起锚出海，去探索北美的航路，同行的有奇里科夫率领的"圣保罗"号。8月初，海上大雾弥漫，白令的探险船小心地驶向呈犄角形的阿拉斯加半岛。突然间，海上刮起一股强大暴风，两船被吹散，奇里科夫继续航行，独自发现了阿留申群岛中的几个岛屿。白令在8月20日进入阿拉斯加湾。

就在这个节骨眼上，有人向白令报告一个船员得了维生素C缺乏病。白令最担心的事，终于又发生了，他非常紧张，因为这是航海中发生瘟疫的危险信号。他立即召开紧急会议，军官们一致要求回堪察加岛休整。会才开了一半，又有人来报告："那个得维生素C缺乏病的船员死了。"白令把那个叫舒马金的船员埋到附近小岛上，后来人们就把这个岛命名为舒马金岛。

因急于安全返航，他只踏勘了该海湾的西南海岸、阿拉斯加半岛和阿留申群岛。

船开始返航，又遇到狂风巨浪。船员中又有几个得了维生素C缺乏病，生命垂危，白令本人也感到身体不适，困乏难熬，这使整个探险队军心动摇，许多人跪在甲板上祈祷上帝，希望能降福给他们。

11月4日，一个救命的巨浪把他们的船托过一块礁石，避免了船毁人亡的危险，并把他们推进一个平静小海湾，使他们靠上了一个海岛。但这个岛太荒凉了，没有人烟，甚至连个栖身之地也找不到。白令只好命令大家在沙滩挖洞，搭了个简陋的栖身之舍。

白令在又冷又湿的"洞"里，连爬起来的力气也没有了。在这种情况下，谁也不能救这个探险队长。1741年12月19日，这位俄国航海探险的先驱者事业未遂而离开了人世。

为了纪念这位出色的航海探险家，船员们把这荒无人烟的小岛命名为"白令岛"，把周围的岛屿命名为"科曼多尔群岛"（俄语中是准将群岛，因为白令当时是俄国海军准将），并把白令海峡以南，阿留申群岛以北的海域命名为"白令海"。

白令一死，群龙无首，多数人被维生素C缺乏病夺去生命，探险也就半途而废了。

历史学家认为，白令是幸运者，因为他探险所走过的地方，80年前俄国人就到过了。但前者是地方资助，规模小，无人知道，而白令探险队是官方的，名气大，因此历史上留下了许多纪念他的名称。

西北通道上寻找中国通道

前面我们介绍了几位东北通道上的探险家，也许有人会问：西北通道上有探险活动吗？他们的结果如何呢？英国探险家弗罗比歇就是在西北通道上探险而丧生的一位。

西北通道更为艰险，在这条航线上探险丧生的人更多。弗罗比歇是英国海军军官，他在1576年指挥三艘小船往西北而行。到了格陵兰西南端时，一艘船遇难沉没。另一艘船逃走，弗罗比歇只好率领余下的一艘船继续前进，在接近北纬63°的地方，发现了两个高耸的海角，当中是一条很窄的海峡。弗罗比歇没有朝海峡而行，就草率地认为这就是西北通道。其实只是巴芬岛东南端伸出的两个半岛，根本不是海峡，他把右边半岛当成亚洲，把左边半岛看成是美洲大陆。

弗罗比歇在这个海湾里，看到了海岸上的土著人，他感到惊奇，这些人无论是男是女，全都穿兽皮衣，他把美洲的因纽特人当成了亚洲的鞑靼人，还认为这是有力证据。他们上岸之后，一个劲寻找金矿。有个船员发现一块色黑而闪光的石头，就惊叫起来："找到金矿了！找到金矿了！"大家围在一起你看我摸，把它当成了宝贝。实际上，这些石头根本不是什么金矿石。

弗罗比歇回到英国伦敦，成立了"中国股份公司"。政府出资，组成了有140人的探险队，再次任命弗罗比歇为队长。女王伊丽莎白赐予他的头衔：再次发现的特别是在中国发现的一切海洋、湖泊、陆地、海岛、国家和地区的总司令。

从这里可以看出，这些殖民主义者的野心和胃口是多么大，只要是他们第一次见到的陆地，管它那里是否有国家存在，是否有民族在生活，统统都归白人所有，他们就有权掠夺那里的一切。

1577年，弗罗比歇第二次探险。他到达上次那个海湾之后，就忙着到岸上找金矿石，并且很快就返航了。女王把矿石拿去化验，由"学术"委员会向外宣布：这些矿石的确含有黄金，通过弗罗比歇发现的海峡能够到达中国。

这一下，英国轰动了，全国掀起了黄金热，接着又派出由15艘船组成的更大的探险队，弗罗比歇第三次任队长。1578年5月船队起航。不久遇到了风暴，船队被吹得七零八落，都各自为政，陆续返回英国。而且弗罗比歇先前的美梦也破灭了，他运回英国的矿石，没有一家工厂能炼出

黄金，这给了弗罗比歇当头一棒。从此，他对探险失去了兴趣。

后两次探险虽然发现了哈得孙湾，但没有找到黄金，建立殖民地的目的也未实现。1585年弗罗比歇任F·福雷克爵士西印度群岛探险队的副队长。1594年，在法国西海岸与西班牙舰队交战中受重伤。

三次远航大洋洲的探险家

继弗罗比歇之后，英国人又派戴维斯连续三次探险，虽然最远处已靠近北极圈了，但都没有找到通往太平洋的通道。

开辟到澳大利亚、到太平洋诸岛屿的航线，不像开辟其他航线那样惊心动魄，但也断断续续延续了几百年，其中也有许多惊险曲折的故事。

库克就是最突出的一个英国海军探险家。他的最大功绩，不但三次远航大洋洲，而且战胜了维生素C缺乏病，为后来远航者带来了福音。

詹姆斯·库克出生在英国一个贫苦多子女的家庭，18岁时入沃克船公司当学徒，21岁已是航行在北海运煤船上的好水手。他到过英国许多大港

口，也到过荷兰、挪威、俄国的彼得堡，有较丰富的航海方面的知识。

后来库克投入海军，29岁任海军"潘布鲁克"号舰长。在英法七年战争中，测绘圣劳伦斯河航道，有助于沃尔夫将军登陆成功。战后指挥"格维林"号测量纽芬兰海岸。他对天文学也有兴趣，曾在《哲学学报》上发表过一篇关于日食的文章。七年战争后，英国控制了大西洋，在印度洋也取得牢固的阵地。但1767年法国人布尔干维尔探险队环球航行获得成功，这对英国刺激很大。1768年皇家学会与英国海军也组织一支探险队，考察南半球的太平洋。在物色谁来当探险队长时，有人推荐了40岁的海军中尉库克。在英国当军官、当探险队长的，一般都是贵族。但贵族子弟往往吃不了苦，不愿担当这种苦差事，因此选来选去，最后还是由库克担当。

库克成了探险队长和船长，其任务是护送学会科学家到塔希提岛观察金星凌日的情况。他指挥400吨的"努力"号穿过大西洋，绕过南美洲最南端的合恩角，来到太平洋的塔希提岛。他对周围群岛进行了考察，第二年6月登上塔希提岛，在那里协助天文学家观测日出时金星的运行情况。当时大家正在讨论如何计算地球与太阳之间的距离，多数科学家认为金星绕太阳运转，在塔希提岛观测日食就能更正确地算出太阳与地球之间的距离。

完成这个任务之后，于1769年10月接近了一片没有表明名称的陆地。库克绕着这块陆地沿岸航行，结果发现这块陆地相当大，由南北两个紧挨在一起的岛组成。这是地球上有人类居住的最后一块未知的大陆。这就是大洋洲上的新西兰。他们花了六个月时间绘制出该岛的海图。人们把南北两岛之间的海峡叫库克海峡。

在这片陆地沿海测量中，库克船长也闹了个笑话。在今天悉尼附近，他看到一种怪兽，形状和颜色都像老鼠，个子却比老鼠大得多，像小鹿似的。这怪兽的腹部，有一只袋，里面竟然装着一个小同类。它前腿短，后腿长，走路全靠后腿一蹦一蹦地向前进。他问当地人："这是什么怪物？"当地人一个劲儿地回答："坎格鲁！坎格鲁！"实际上这些人的意思是"不懂"。但库克以为这种动物就叫"坎格鲁"，就把"坎格鲁"当成了袋鼠的学名带回英国。至今人们还可以从英汉词典中查出英文kangaroo(坎格鲁)就是袋鼠，这也可算是库克船长对英文的一点儿"贡献"吧！

1770年4月，库克的"努力"号来到澳大利亚东南海岸，沿岸北上第一次驶进世界上最大的昆士兰的珊瑚礁——大堡礁。这是一片极为复杂的海域，明暗礁密布，南北长2000千米，东西宽2～1150千米。库克为了测量这片海域，他立在驾驶台上小心地指挥着"努力"号，船首船尾站着的水手，睁大着眼睛看着海底的情景，那水下全是起伏不断、犬牙交错的暗礁。

6月12日凌晨，天还没有亮，库克船长正在睡觉，船身猛烈震动摇晃，库克本能地跳下床来，他赶紧点上灯，穿好衣服就跑上了甲板。他举灯一看，天啊！"努力"号触上锋利的珊瑚礁了，船板被撕裂得不断嘎嘎作响。

水兵和军官们都跑到甲板上，黑暗中三只小船放了下去，库克冷静

地叫军官们赶紧测量"努力"号四周的水深。情况很令人沮丧，船是涨潮时触礁的，现在已开始退潮，船越来越陷到珊瑚礁上。这些锋利的珊瑚礁，涨潮时都在水下，退潮时则露出水面。

为了减轻重量，库克命令倒掉快要腐烂的食物，然后又倒掉桶里的油，抛掉一些压舱石，最后连六门炮也推进海里(每门炮有半吨重)。但不管如何扔东西，船被礁石卡住就是浮不起来，海水已开始漏进舱内。库克又命令大家排水，可是越排越多，情况危险了。到晚上十点，库克再三思考，只好铤而走险了：利用锚的拉力，使船身离开礁石。

大家都执行船长的命令，一齐利用绞锚机的滚动力量，使船从刀子般的礁石上滑过，巨大的撕裂声终于使船摆脱了礁石。这时，船舱漏水更加严重，为了排水，所有人员弄得筋疲力尽。库克看到，船不开到岸边进行修理堵漏，就会沉掉。他下令把一块约六米见方的帆铺在甲板上，上面撒上麻絮、羊毛，由帆匠把这些材料缝到帆上，然后在上面涂上又黏又稠的牲口粪便，再盖上一层帆，做成一个大"馅饼"。他们把这个"馅饼"从船头放下水去，用绞索从船的两头把它拉住，让它滑到了船底漏洞外面。

海水的压力就会自动地将"馅饼"挤进破洞，终于用此法把破洞堵住了。半小时之后，船舱内的水就抽干了。库克把船开到岸边，进行大修。

8月下旬，"努力"号驶过珊瑚海和托雷斯海峡。160年前西班牙人曾来过此地，他们没有能力开发就秘而不宣。1771年年终，库克回到英国。这是他第一次考察大洋洲，也是他第一次环球航行。途中有30人因得维生素C缺乏病而长眠在太平洋，其中也包括天文学家和随船的医生。

第一次远航回来之后，一个令人苦恼的问题始终在库克船长头脑中

盘旋，那就是袭击远航者的可怕的瘟疫——维生素C缺乏病。17世纪时，英国海军军舰上每年近5000人死于维生素C缺乏病，18世纪英国海军安逊远征军竟有五分之四的人死于维生素C缺乏病。库克自己的第一次大洋洲之行，途中就死了30多人，也是多数患的维生素C缺乏病。

库克从查阅许多前辈海上探险家的资料得知，白令探险队队员也是多数死于维生素C缺乏病，哥伦布、麦哲伦、拉佩鲁兹等等的探险队，多数人也死于维生素C缺乏病。然而库克从调查中也发现，这些得维生素C缺

乏病的人，多数是船员和水手，而高级海员却很少，这是什么原因呢？库克想来想去，觉得其他条件都相同，只有一样不同，就是高级海员吃的伙食要比其他船员和水手好，他们能吃上昂贵的泡菜和果酱，而水手和船员只能天天吃粗饼干和臭咸肉。问题的根子会不会就在这里呢？想到这些，库克不由得兴奋起来。如今他是船长，有权做主了，为了防止维生素C缺乏病的发生，他要做一次试验，第二次远航他要多弄些泡菜，作为抵抗维生素C缺乏病的良药。

其实在库克之前，就有人对维生素C缺乏病做了一些探索，其中哥伦布就是一个。有一次，哥伦布在大西洋上航行时，船队中有人患了维生素C缺乏病，牙齿全部脱落，两脚肿得像水桶，一碰破就血流不止。其中有几个重病人不愿被抛进大海喂鱼，要求哥伦布把他们送到荒岛上，宁可死在岛上。哥伦布只好答应他们的要求，用小船把他们送到荒岛上，给他们留点食物后船队就走了。哥伦布心里明白，这几个船员不到一个星期，就必死无疑。过了三个月，哥伦布的船又路过这个荒岛，突然发现有人

在向船队招手。哥伦布划小船上岛一看，万分惊奇地发现，这几个船员一个也没有死，身体比以前还强多了。哥伦布惊呆了，赶紧问他们是用什么良药治好的。这些船员都摇头，都说不知道，因为在汪洋之中的孤岛上，没有人给他们送过药，是他们自己慢慢战胜病魔的。细心的哥伦布注意观察，他也在岛上跟船员们过了几天，发现这几个船员是靠岛上挖野菜根、吃野果子及海边的小鱼虾活过来的。这些食物使哥伦布想到这一定跟新鲜食物有关。然而，哥伦布虽提出了这个问题，却并没有能力去解决。

1536年法国有一支探险队，在加拿大过冬时，有110人得了维生素C缺乏病，整个探险队面临绝境，都病倒在岛上。当地的印第安人同情他们的遭遇，建议他们喝松叶浸泡的水试试。结果一个月后，队员们身体日益好转，在绝望中得救了。

所有这些资料都使库克船长心中更有数了，认为缺乏新鲜食物就是得维生素C缺乏病的主要原因。

1772年7月13日，经过一年准备，他新婚刚一年，就率两艘巡洋舰——"决心"号、"冒险"号，准

备从普利茅斯出发。这时一艘小船晃着旗帜，直朝库克船队而来。原来是库克的邻居来告诉库克，他的妻子生了个小男孩。库克高兴一阵之后，还是下令按时起航。

库克的船队沿大西洋一直南下。12月，他们第一次见到了南极的企鹅和冰山。当时天气恶劣，风雪交加，浓雾弥漫。汹涌的海浪咆哮着卷过冰山，冰块互相撞碰，不时发出震耳欲聋的可怕声音，他们的船就在南极圈中迂回，小心驾驶。1773年1月17日，他们终于穿过南极圈，看到南边有大陆影子，但他们再也无法前进，

因为海面完全被浮冰堵塞了。他们只得后退，然后往东，驶向太平洋。

1773年10月，两舰失散。库克往东南航行，12月中再次进入南极圈，但又被堵住，没有成功。1774年1月26日，库克第三次进入南极圈，同时记下了那里的情景：

"早晨四点钟，我们从南面发现一条刺目的白色长带，这是临近冰障的先兆。我们爬到桅杆上，看见一条绵延不断的冰障由东向西延伸。南部的半边天空放射着奇异的冷光。我数着冰障附近海面上的冰山和冰峰，共有96座，一些异常高大的冰山和冰峰

顶端，隐藏在低沉的云层和浓雾中。这条冰障看来是无法穿越的，我和我的同伴们都认为，这条冰障可能一直延伸到南极极点，或者它在某个地方与大陆接在一起。我不是说没有向南前进的可能，但这种尝试太冒险。我比以前任何航海家向南考察得要远，我决定向北返航。"

事实上这真是功亏一篑，库克失去了第一个看见南极洲的荣誉，因为库克的"决心"号离南极洲阿蒙森海边的捷尔斯敦半岛只有200千米了。

库克第二次航行深入南极越过南纬70°，完成第一次自西向东高纬度的环球航行。他继续考察太平洋和大西洋上的岛屿：绘制汤加和复活节岛海图，发现太平洋的新喀里多尼亚岛和大西洋上的南桑威奇群岛及南乔治亚岛。最后于1775年7月底回到英国。他的夫人是带着三岁的孩子到港口来迎接库克的。这一年他晋升为上校，被选为英国皇家学会会员，得到一笔丰厚的奖金。

这笔奖金不仅仅是因为库克在考察大陆、探索南极方面有贡献，更重要的是在这三年多远航时间里，没有一个船员得维生素C缺乏病。库克

船长强迫船员吃泡菜，吃柑橘，只要有条件，他就坚持到岸上千方百计补充新鲜蔬菜和水果。他的试验获得成功，第一次创造远航环球航行不得维生素C缺乏病的世界新纪录，没有死一个人，从而创造了探险队的奇迹。

当然到了20世纪，远航时患维生素C缺乏病的谜被揭开了，即只要服用维生素C就可预防。可这一新的发现之前，却使许多人付出了生命，经过了几百年时间。在这一点上，库克船长的贡献最大，没有他的试验，也许还要付出更多人的生命！

1776年7月，库克第三次出航，主要任务是探索是否存在大西洋与太平洋间的西北通道或东北通道，同时继续发现和占领太平洋上的岛屿。

第二次远航中跟他失散的"发现"号于1774年回到英国，但有10个船员在新西兰岸上补充食物时失踪。第二天上岸寻找时，发现一条独木舟上有一堆鞋袜和衣服，还有一堆尸体。船员们明白，这是被土著人杀死的。

第二年1月，他们又来到上次10名船员被杀的新西兰岛岸。库克经过调查，初步弄清起因在于英国人。英

国人说毛利人偷了他们的糖块和几条鱼，于是就毒打了毛利人。纠纷扩大后，他们又开枪打死两名毛利人，结果众怒难犯，毛利人就把这10个船员全都打死。

1778年1月，他们驶进了夏威夷群岛一个风景秀丽的海湾，几百名土著人戴着坚硬的头盔(只露出两只眼睛)，头顶插根羽毛，赤身裸体地划着独木舟，挥臂高呼，向船队驶来。

英国士兵吓坏了，以为又要杀他们，便准备好枪炮要开火。库克船长下令不准开火，这时翻译对库克说：这些土著人是欢迎英国人。一个像巫师的老人，一定要见库克船长。他亲手把一块红布披到库克双肩上，又叫两个土著人抬来一头母猪，然后俯伏在库克面前。红布、母猪代表神仙的财产，他们是按当地人最高礼仪迎接着从海上来的"白人神仙"。

探险队很快离开夏威夷，沿美洲海岸线北上，一直航行到美洲西北部陆地的终点——威尔士角，再穿过白令海峡进入北极圈。在探险家中唯有库克一人是既到过南极圈，又进过北极圈的人。但到8月底，"决心"号在北纬70°又陷进浮冰包围。因秋冬季节就要来临，不宜在北极圈探险，便又返回夏威夷。

1779年2月，英国人在夏威夷跟土著人发生了严重冲突。库克被土著人杀害。

这位伟大的航海家，他三次环球航行，发现大洋洲，考查了太平洋许多岛屿，这对人们认识太平洋、大洋洲是有重大贡献的。而在战胜维生素C缺乏病，为远航者带来福音方面，库克的贡献就更为卓著了。

划船到南极的探险家

1988年2月22日上午11时，一艘稀奇古怪、号称"海上西红柿"的水手划船，从智利的普拉特海峡出发了。船上坐着以迪雷特为首的四位探险家，他们要实现人类划船到南极的冒险试验。

在这之前，各种各样到南极探险中，曾有过40多支手划船的赴南极探险队，试图一举成功，但都以失败告终，有的还丧了命。

这艘"海上西红柿"号船是探险家们精心设计的。船上可装一个月的粮食，船体坚固，短而粗，表面漆成红色，是用铝合金制造的。底舱分割成九个密封防水舱，被大浪打翻了也沉不了，能很快翻过来，船的顶棚高0.9米，里面填满泡沫塑料，即使翻船顶棚砸在头部也没有危险，还能抵

挡浮冰的碰撞。因为船有点圆，又是红色的，形如西红柿，故取名为"海上西红柿"号。

"海上西红柿"号出师不利，几个小时后就遇上雷西克海峡强劲的西北风，汹涌的波涛毫不留情地向他们扑来，小船上下颠簸，左右乱转，一个个开花浪扑向甲板，涌进舱内，他们拼命向外淘水，直到风平浪静为止。他们艰难地行驶了三天，开始靠手划桨前进。大家轮流划，每人六小时，期待着第13天到达目的地。

到第12天，他们已经看到陆地的踪影了，四个人高兴得手舞足蹈，以为成功就在眼前了。不料，突然刮起风暴，一下子成千上万块浮冰包围了小船，四个人用尽吃奶的劲儿朝陆地方向划，可是船在倒退。接着天黑了，狂风卷着大雪把他们困在一个恐怖的黑夜里，只听到浮冰碰撞船体的声响。他们祈祷着上帝，听天由命，谁都在想，这回是死定了。

可是，第二天清晨，风平浪静了，四周的浮冰少了。他们勇气倍增，又轮流划了一天一夜，终于驶进了哈莫尼海湾，到了南极。他们经历13天5小时，航程900千米，实现了人类第一次划船到南极的夙愿。

《马可·波罗游记》
给探险家的美梦

　　马可·波罗是意大利的旅行家，出生于威尼斯商人家庭，其父和叔父是有地位的富商，一向在近东经商。1260年他们迁往伏尔加河流域蒙古帝国西部的拔都汗国经商，后又向东方旅行，1265年到达蒙古帝国夏都——上都(今中国内蒙古自治区多伦县西北)，与大汗忽必烈建立了友谊，并被任命为大汗特使，访问罗马教皇。1269年回到威尼斯，马可·波罗时年15岁。1271年波罗兄弟第二次旅行东方，马可·波罗随同起程。1272

上半年经土耳其东部，穿过伊朗北部，进入阿富汗国境，休息一年后，离开阿富汗，攀登帕米尔高原，进入今中国新疆维吾尔自治区的喀什，走上丝绸之路，1275年再次抵达上都，向忽必烈大汗递交教皇的书信。在此后的16～17年中他们留在蒙古帝国，受到蒙古皇帝的尊敬和重用，经常派他出巡。到过中国的黄河上下、大江南北、长城内外、云贵高原和许多名城。除了为皇帝当差，马可·波罗似乎做过食盐专卖的管理工作。

1292年，蒙古国公主阔阔真下嫁给波斯的伊儿汗为王后，波罗一家奉命护送。由14艘桅帆船组成的出嫁船队，从当时天下第一大港泉州港出发，沿着海上丝绸之路向目的地进发。经过两年零二个月，船队终于到达波斯(今伊朗)呼罗州。马可·波罗完成护送使命之后，又继续西行，于

1295年的冬天回到了阔别25年的故乡威尼斯。故乡亲友邻居以为他们早已不在人世，马可·波罗成了当时的传奇人物。

1298年，威尼斯与热那亚发生战争，马可·波罗出资造了一艘舰，并亲自任舰长参加战斗。威尼斯舰队大败，马可·波罗被俘，关押于阴森的监狱。在狱中他对东方20多年的神奇生活很留恋，当时的另一囚犯作家鲁斯蒂恰诺根据他的口述，写成了《马可·波罗游记》，没想到这部书成了世界一大奇书，对沟通东西方文化和以后新航线的开辟均有巨大影响。也是13～14世纪的欧洲人认识东方世界最有价值的书，它整整影响了几代欧洲人对神秘东方的了解。欧洲的探险家枕边几乎都放着这部书。

《马可·波罗游记》对欧洲人的最大诱惑力便是书中将东方描绘成黄金遍地、珠宝成堆的神奇世界。这就刺激了几代航海探险家要探索通向东方世界的航线，成了他们寻找黄金遍地、珠宝成堆的神奇世界的强大动力。哥伦布就是受这本书诱惑的第一位探险家。

因此，后来史学家在研究航海历史时，发现许多探险家都受《马可·波罗游记》的影响，尽管这部书在地理知识方面有许多错误，但它给了航海家们一种诱惑力，神秘东方成了欧洲探险家们争先恐后要见到的圣地。而神话般的东方世界，是马可·波罗描绘出来的，因此，他也成了刺激航海事业发展的有功之臣。

哥伦布身世之谜

哥伦布是西方家喻户晓的航海家，但多少年来始终弄不清他的身世之谜，他到底是何人的儿子，他到底是因何到西班牙效力？葡萄牙历史学家巴雷托博士经过14年的潜心研究，查阅了存在葡萄牙、西班牙和意大利等国的图书馆内大量有关哥伦布的史料、文件以及哥伦布本人的航海日记、呈报西班牙国王的书信手迹等，终于得出与传统的哥伦布身世说法的不同看法。他认为，哥伦布既不像数百年来历史教科书中所说的是意大利人，也非西班牙人士，而是一位地道的葡萄牙人。哥伦布不是他的真

名，真名全称是萨尔瓦多·费尔南德斯·扎尔科，是葡萄牙唐·费尔南多王子的私生子和葡萄牙国王唐·若奥二世的"密探"。

这个说法是巴雷托博士最近著的一本《哥伦布——葡萄牙国王唐·若奥二世的间谍》书中公布的。此书有600多页，附有420处的考证材料注释和200幅图，是有关哥伦布身世最完整详尽的著作。

此书写道："哥伦布生于葡萄牙南部阿连特茹地区的库巴镇，真名为萨尔瓦多·费尔南德斯·扎尔科，祖父是葡萄牙唐·杜阿尔特国王，祖母叫唐纳·哥伦纳。哥伦布之所以要冒充意大利人，去西班牙为当时的国王效力，是受葡萄牙国王唐·若奥二世的指派。他表面看来似乎积极效忠于西班牙，实际上却暗中为葡萄牙卖力。正是由于哥伦布的这种'努

力'，西班牙和葡萄牙后来才签订了瓜分海外势力范围的《托尔特西里斯条约》。这个条约使葡萄牙获得了长期对南美的巴西、亚洲的果阿和澳门以及非洲的安哥拉、莫桑比克、几内亚比绍、佛得角、圣多美和普林西比的殖民统治权。"

哥伦布在一份他亲笔签名的文件中写道："费尔南多·贝热公爵和名叫卡玛拉的女士伊萨贝尔结婚，他们是我在库巴的双亲。"

至于为什么哥伦布至死不说出他的真实身世，此书作者认为：哥伦布是王室私生子，他不想玷污和损害葡王室的荣誉，但他又不甘心，他就沿用其祖母姓名，给历史学家留下一个谜。此书是在纪念哥伦布发现新大陆500周年前夕发表的，是对伟大航海家的最好纪念。